高职高专计算机教学改革 **新体系** 教材

Java 程序设计基础

刘晓英　徐红波　主　编

曾庆斌　扶卿妮　副主编

清华大学出版社

北　京

内容简介

本书由多年讲授Java系列课程的资深教师组织编写，以"教、学、做"一体化的教学模式来体现教学内容和单元结构，做到"讲练结合、讲中练、练中学"，易于学习者消化和吸收所学内容，可以锻炼学生的实操能力，达到学以致用的效果。

本书面向Java编程或初学程序设计的入门者，书中前6个单元注重逻辑程序设计能力的培养，后2个单元注重面向对象编程思维的培养，这两部分的内容是当前绝大部分编程语言的基本要素。8个单元的"上机练习及综合实战"部分要完成一个小型项目"绿之洲购书管理系统"，可激发学生的成就感及学习兴趣。

本书适合作为高职高专学校相关专业的Java编程的入门级教材，也可作为社会培训班用书。

图书在版编目(CIP)数据

Java程序设计基础/刘晓英，徐红波主编.—北京：清华大学出版社，2020.9（2023.8重印）
高职高专计算机教学改革新体系教材
ISBN 978-7-302-55959-7

Ⅰ. ①J… Ⅱ. ①刘… ②徐… Ⅲ. ①JAVA 语言－程序设计－高等职业教育－教材 Ⅳ. ①TP312.8

中国版本图书馆CIP数据核字(2020)第120450号

责任编辑：颜廷芳
封面设计：常雪影
责任校对：袁　芳
责任印制：刘海龙

出版发行：清华大学出版社
网　　址：http://www.tup.com.cn，http://www.wqbook.com
地　　址：北京清华大学学研大厦A座　　**邮　　编**：100084
社 总 机：010-83470000　　**邮　　购**：010-62786544
投稿与读者服务：010-62776969，c-service@tup.tsinghua.edu.cn
质量反馈：010-62772015，zhiliang@tup.tsinghua.edu.cn
课件下载：http://www.tup.com.cn，010-83470410
印 装 者：天津鑫丰华印务有限公司
经　　销：全国新华书店
开　　本：185mm×260mm　　**印　　张**：12.25　　**字　　数**：279千字
版　　次：2020年9月第1版　　**印　　次**：2023年8月第5次印刷
定　　价：39.00元

产品编号：084985-01

前言

FOREWORD

Java 不仅仅是一门编程语言，它还是一个由一系列计算机软件和规范组成的技术体系，这个技术体系提供了完整的用于软件开发和跨平台部署的支持环境，并广泛应用于嵌入式系统、移动终端、企业服务器、大型机等多种场合。Java 能获得如此广泛的认可，除了它拥有一门结构严谨、面向对象的编程语言之外，它还摆脱了硬件平台的束缚，实现了“一次编写，处处运行”的理想。

近年来，“Java 程序设计基础”不仅是“Java 面向对象程序设计”、JSP、SSH 等 Java 系列课程和 Android 移动开发的专业入门课，而且由于它的实用面广和易于教学等特性，使得它成为一门引导学生进入计算机软件编程世界的入门级课程——程序设计基础课。Java 程序设计系列教程虽然很多，但作为肩负着双重入门使命的课程，它的易学性、基础性、实践性和自学性却没有很好地体现出来。因此，能有一本集入门性、实践性、趣味性、易学性为一体的、适合教学做一体化的教材，将是广大计算机类学子及有志于从事编程行业人员入门的福音，尤其是对网络编程专业的同学来说，其重要性更是不言而喻。

本书集培养学生逻辑程序设计能力和面向对象程序设计思维为一体，前 6 个单元注重逻辑程序设计能力的培养，这不但是 Java 系列课程的基础，也是所有程序设计的基础和灵魂；后 2 个单元引入面向对象的概念和面向对象编程的思维，为“Java 面向对象编程”等课程打下基础。但这两部分并不是独立的，而是有机地结合在一起，是逐渐过渡、循序渐进地进行知识的融会贯通。

本书设计以学生为中心，以职业素质为突破点，以实用技能为核心，以案例为驱动，以讲练结合为训练思路，以实际动手能力为培养目标。

本书的每个单元都围绕完成的任务所需解决的问题引出对应的学习内容和知识点，然后是必要内容讲解和解决问题的过程和步骤，再通过让学生进行适合题材的练习来巩固强化所学知识，即“教、学、做”一体化，使用本书作为学校教材最好采用适于“教、学、做”一体化的多媒体实训室或机房进行教学，效果会更突出，最终达到学用结合、以用为本、学以致用的教学目的，从学生的学习特点出发来安排内容，也让学生的学习效率和学习热情更高。

本书每单元的"上机练习及综合实战"部分在锻炼学生基础知识的同时，也在逐步培养学生的综合项目能力，每单元的练习循序渐进，8个单元的综合实战结束，也恰好完成了一个小型项目"绿之洲购书管理系统"，让学生体会到Java编程的乐趣和成就感。这也是本书的一个特色。

本书紧密联系企业实践，邀请企业有经验的一线Java程序员和相关项目经理参与到编写过程中，他们对教材案例的选取和知识点的遴选给了很好的建议，充分体现了以适用技能为核心的思路。

本书的内容采用80/20原则：书中选取的内容是企业中使用频率很高的20%的内容，这些内容要花学生80%的精力去学好；而使用频率较低的80%的内容只要求学生花20%的精力去了解。真正践行"好钢用在刀刃上"和"抓主要矛盾"的理念。

本书的实例力求浅显易懂，通过简单有趣的案例掌握相关的知识点，使枯燥的知识学习过程变得简单化、趣味化，同时各个知识点环环相扣，连接紧密；各单元知识循序渐进，由浅入深，体系合理，8个单元的内容完整地为后续的课程打好基础。

本书由刘晓英、徐红波任主编。刘晓英负责单元2、单元3、单元6、附录A至附录C和前言的编写以及全书的统稿工作；徐红波负责单元1、单元5和单元7的编写；曾庆斌负责单元8的编写，并对全书的安排给出建议；扶卿妮负责单元4的编写，并检查部分章节的内容。远光软件股份有限公司的周志明先生对本书的案例和内容选择给出很好的建议，并提供了附录D的内容。在此对所有给予本书支持、帮助的同仁致以深深的谢意！

鉴于编者水平有限，书中难免有疏漏之处，欢迎大家给出批评与建议！

编　者

2020年5月

目录

CONTENTS

编写第一个 Java 程序

如果用户是编程新手，虽然没有编码经验，但可能玩过、听过或大或小的一些游戏，大的如时下流行的《植物大战僵尸》《英雄联盟》，小的如《扫雷》《史上最坑爹的游戏》等，在感叹游戏的奇妙和有趣时，是否也在感叹：谁创造了这些好玩的内容，真了不起！其实这些游戏正如人们所知，是通过计算机语言编程开发出来的。还有，时下生活中越来越离不开的上网、网购、网银等很多功能都是计算机编程的结果。看来计算机编程的作用真是不可小觑。既然如此，不如从现在就开始着手学习计算机编程，以便来解决一些实际问题。跃跃欲试之际，或许一些关于计算机编程的说法又会让我们望而却步，比如，计算机编程极其困难、枯燥，要求通过 3～4 年的学习才能打下良好的编程基础，需要投入数千甚至数万元购买计算机硬件和软件，需要极强的逻辑分析能力，需要持之以恒的耐力，往往爱喝咖啡饮料等。在上述种种条件中，除喜欢喝咖啡饮料外，其他条件似乎要求还挺高，其实编程并没有传闻中那么难！下面就通过与 Java 语言的亲密接触开始计算机编程的入门之旅吧。

任务说明

在本单元中，将开发一个最简单的 Java 程序，在控制台输出显示“Hello,java!!!”字符串，如图 1.1 所示。在完成这个小型项目的过程中，将了解 Java 语言的特点和 Java 语言运行的平台，掌握如何安装和配置 Java 开发环境，以及如何编写、编译和运行 Java 程序。

图 1.1 第一个 Java 程序

完成本单元任务需要学习以下 5 个子任务。

任务 1.1：通过了解 Java 的发展历史和 Java 虚拟机熟悉 Java 的特点。

任务 1.2：完成 Java SE 8 的安装(这是编译和运行 Java 程序的前提条件)。

任务 1.3：采用最原始的方式编译和运行 Java 程序。

任务 1.4：在集成的开发工具 Eclipse 中编译和运行该程序。

任务 1.5：上机练习及综合实战。

任务 1.1 熟悉 Java

1.1.1 任务分析

Java 自 1995 年由 SUN 公司推出以来，经过 20 多年的发展，已经成为最受程序员欢迎、使用最普遍的编程语言之一。Java 为什么能这么流行？它有哪些特点？这些问题是学习 Java 时首先应该弄清楚的。

1.1.2 相关知识

1. Java 的发展历史

Java 语言是 SUN 公司的开发人员 James Gosling 及其领导的一个开发小组发明的。1991 年，SUN 公司成立了一个由 James Gosling 和 Patrick Naughton 领导的开发小组，开发一种嵌入式消费类电子产品的应用程序。他们先使用 C++ 语言开发，但是用 C++ 语言编写的同一程序无法在不同平台上运行。James Gosling 和开发人员尝试开发一种可移植的、具有跨平台性的语言，使该语言编写的程序能够在不同环境下运行。经过不懈的努力，他们终于开发出了可移植、跨平台的语言。这种语言最初被命名为 Oak(橡树)，不过开发者后来发现，Oak 是另外一种计算机语言的名字，于是将其改名为 Java。

正当 James Gosling 带领他的开发人员设计 Java 的时候，出现了万维网(World Wide Web)和互联网(Internet)。万维网的关键技术是将超文本页面转换到浏览器中显示，其主要创作语言是 HTML(HyperText Markup Language)，HTML 能够提供文本、图片、音乐和录像等静态的信息，但是不能与用户交互。

由于 Internet 是由许多类型的计算机、操作系统、CPU 组成的网络空间，编写 Internet 上的交互程序同样要求程序具有良好的跨平台性。而 Java 设计人员在开发嵌入式消费类电子产品遇到的问题在 Internet 编程时也同样存在。由于万维网具有广阔的发展前景，随后，Java 语言的重点从消费类电子产品转移到 Internet 程序设计。

1995 年，Java 语言的设计者用 Java 语言编写了第一个支持 Java 的浏览器 HotJava，并且让 HotJava 能够执行网页中内嵌的 Applet 代码。这一成果引发了人们延续至今对 Java 的热情。1996 年年初，SUN 公司发布了 Java 1.0 版，但很快发现它存在明显的缺陷，不能用于真正的应用开发。虽然后来的 Java 1.1 版改进了相应能力，并为 GUI (图形用户界面)增加了新的事件处理模型，但仍存在很大的局限性。1998 年，Java 1.2 版发布时 SUN 将其改名为 Java 2 标准版软件开发工具箱 1.2 版(Java 2 Standard Edition Software Development Kit Version 1.2, J2SDK 1.2)。J2SDK 1.2 用精细的图形工具箱取代了早期版本中玩具式的 GUI，并且更接近“一次编写，随处运行”的目标。Java 1.2 标准版发布的同时,SUN 公司推出了用于嵌入式设备的 Java 微型版(J2ME)以及用于服务器的企业版(J2EE)。J2SDK 1.3 版和 J2SDK 1.4 版扩展了类库,增加了新特性,提高了系统性能。

2004 年年底,J2SDK 1.5 版发布,该版本后来改名为 Java SE 5.0,它是 Java 发布以来改动最大的一次。该版本引入了泛型,导致对 Java 类库的重大更改。除此以外,Java SE 5.0 还引入了枚举、自动包装和自动解包、for-each 循环、可变元参数、元数据和静态导入等特性。目前 Java 的较新版本是 Java SE 14。

2. Java 虚拟机

Java 最令人瞩目的特性就是跨平台性。如何实现跨平台呢? 主要原因是 Java 程序在运行时,采用了 Java 虚拟机(Java Virtual Machine,JVM),虚拟机也叫运行时系统。

多数程序设计语言出于性能考虑,使用编译方式运行程序,即一次性编译生成可执行文件。而 Java 编译后生成的是字节码,最终由 JVM 解释并执行。Java 程序运行时,虚拟机逐一读取并翻译执行这些字节指令。程序解释执行要比编译执行慢,但是运行性能上的这点损失用户很难察觉得到。

在不同操作系统平台(例如 Windows、Linux、Solaris)上,只要安装了 Java 虚拟机,就可以运行同一个 Java 字节码文件,如图 1.2 所示。尽管安装在不同平台上的虚拟机不一样,但是这些虚拟机解释执行 Java 字节码的方式是一样的,解释执行的结果也是一样的。虚拟机抹平了不同操作系统之间的差异,从而实现了跨平台功能。这正是 Java 流行的主要原因之一。

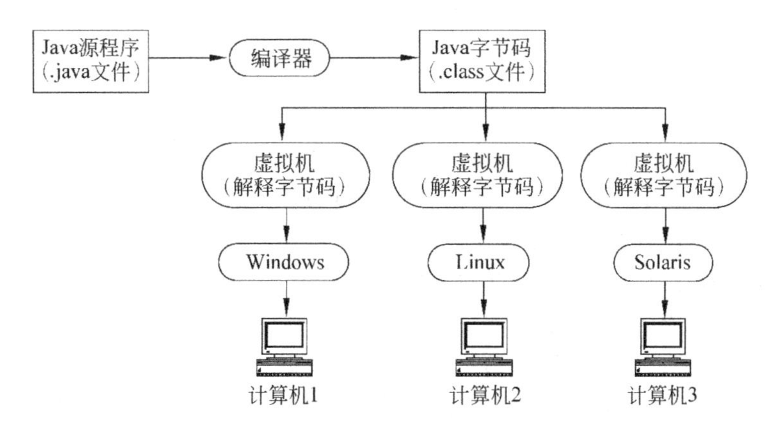

图 1.2 Java 程序的编译和运行

3. Java 的特点和平台

Java 不仅是一门程序设计语言,而且是一个平台。

(1) Java 的特点

Java 语言的主要特点如下。

① 面向对象。在过去的几十年中,面向对象技术已经证明了自身的价值。在日益复

杂、日益网络化的环境中运行，编程系统必须采用面向对象的概念。Java是完全的面向对象语言，所有的变量和方法都必须在类中定义和使用。Java技术提供了一个清晰和高效的面向对象开发平台。

② 可移植性。Java具有很好的跨平台性，同一个编译过的Java应用程序能够在不同的硬件平台和不同的操作系统上执行。Java的可移植性一方面体现在它不依赖体系结构；另一方面，Java规定了基本数据类型的字节长度，例如，int类型的位数永远是32位。程序在任何平台上都是一致的，不存在不同硬件和操作系统上数据类型不兼容的问题。

③ 可解释性。Java编译器编译产生的不是可执行代码，而是字节码。字节码是由Java虚拟机执行的高度优化的一系列指令，虚拟机通过解释执行Java字节码。解释字节码是创建具有跨平台性的可移植程序的有效方法。

④ 多线程。网络应用程序通常要求同时做多件事，例如，在使用浏览器下载的同时浏览不同网页。Java的多线程技术提供了构建含有许多并发线程的应用系统的途径和方法。

(2) Java平台

平台是程序运行的软件环境和硬件环境。大多数平台是操作系统和硬件的组合，例如Windows平台、Linux平台等。Java平台不一样，它是一个运行在操作系统平台上的仅由软件组成的平台。Java平台包括两部分：Java虚拟机和Java应用程序接口(Application Programming Interface，API)。虚拟机是Java平台的基础，可运行在不同硬件和不同操作系统上。API是一个提供不同功能的软件组件集合，它把相关的类和接口放在类库中，这些类库称为包。例如，访问数据库的API在java.sql包中，Swing图形界面组件在javax.swing包中。

4. Java技术应用现状

经过20多年的发展，Java已经渗透到全球每个角落。只要能够接触到互联网，就离不开Java，Java就相当于原材料一样，而我们大部分人看到的都是使用Java编程后的互联网成品。目前全球有着数十亿的设备正在运行着Java，很多服务器程序都是用Java来编写的，用以处理每天超过数以千万的数据。

Java广泛应用于各大领域，从互联网电子商务到金融行业的服务器应用程序，从安卓系统上的APP到企事业单位的OA系统，从大数据到桌面应用程序等，不胜枚举。在公交，在地铁，在饭桌，你最常做的事也许是低头玩手机，如果你用的是安卓手机，几乎看到的每个APP都是用Java语言来开发的，现在很多安卓开发人员其实就是Java开发工程师。

随着信息技术的发展，大数据已深入到各行各业，很多大数据处理技术都需要用到Java，因此对于Java人才需求也是巨大的。

目前，Java的主要应用领域是Web开发，Java Web应用占Java开发领域的一半以上。Java Web使用的是Java技术和在Java基础上发展起来的Java EE(原名J2EE)技术。由于Java EE技术在企业中的普及应用，出现了众多支持Java EE技术的服务器，例如Bea公司推出的Weblogic，IBM公司的WebSphere，SUN公司推出的SUNONE等；

自由软件 Java EE 服务器有 Tomcat、JBoss 等。运行在这些服务器上的企业应用软件广泛使用在金融、保险、证券、学校、制造企业、政府机关等部门。图 1.3 是使用 Java EE 技术开发的图书管理系统，图 1.4 是《植物大战僵尸》Java 版游戏截图。

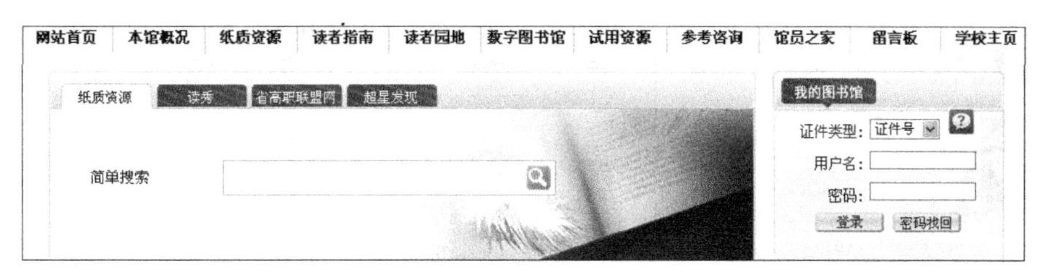

图 1.3 Java EE 技术的应用

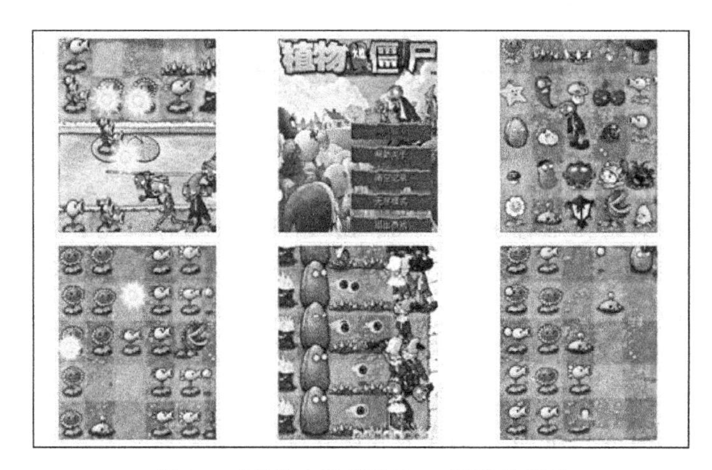

图 1.4 《植物大战僵尸》Java 版游戏截图

Java 标准版(Java SE)开发图形界面(Graphical User Interface,GUI)程序尽管有不尽如人意之处，例如它没有 Delphi、C# 等开发工具提供的图形拖放功能，但 Java 仍然被很多开发者证明是很适合开发运行在多种操作系统平台上的桌面应用软件。创建图形界面的 AWT 和 Swing 组件是 Java 基础类库的重要组成部分，Java 为图形界面程序提供了丰富的图形功能和交互性能。图 1.5 所示是使用 Swing 组件编写的用户账号管理程序，图 1.5(a)用个性化的小图标显示所有用户，图 1.5(b)用表格显示所有用户。

Java 最初是为嵌入式消费类电子产品的应用程序设计的。凭借 Java 微型版(Java ME)和 Java 智能卡技术版(Java Card Technology)，Java 又进入嵌入式系统领域。Java 最主要的特点是跨平台，这个特点对消费类电子产品市场是十分重要的。Java ME 就是在此基础上为可编程、资源有限的消费类产品定义的架构，希望通过该版本把 Java 技术应用到手机、机顶盒、汽车仪表、数字电视及其他设备中。

Java 智能卡是 Java 技术嵌入智能卡中的一种新的应用，具有应用与操作系统无关、支持一卡多应用、应用程序可在卡片发行后动态并安全地下载或更新等特点。Java 智能卡技术已经成为第三代移动通信(3G)用户身份识别卡(USIM)的事实标准。在金融或银行信用卡领域，Java 智能卡也得到了广泛应用。

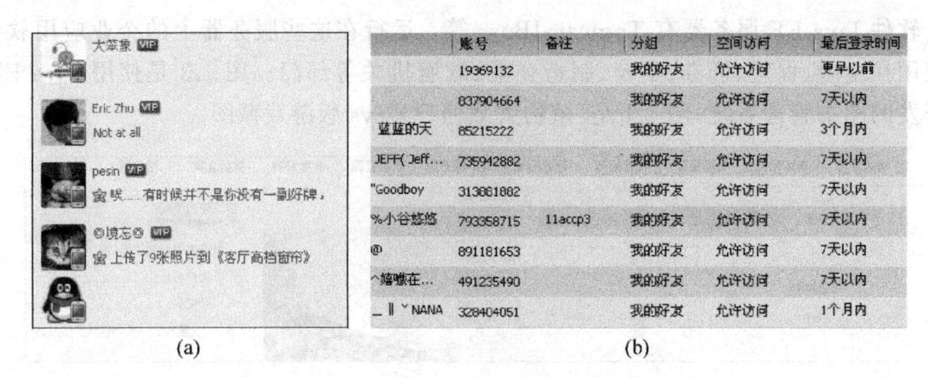

图 1.5 Java SE 开发的桌面应用程序

任务 1.2 下载和安装 Java SE

1.2.1 任务分析

本书以标准版讲述Java程序设计。编写和运行Java程序首先必须安装Java标准版软件并设置环境变量。如何下载、安装Java标准版软件并设置相应的环境变量就成为开始学习Java语言的首要任务。

不同版本的Java产品可以从Oracle公司的网站 https://www.oracle.com/java/technologies/javase-downloads.html 上免费下载。

本节任务就从演示Java SE 8的安装和设置过程开始。

1.2.2 相关知识

Java SE 8提供了两个软件产品：Java运行时环境(Java SE Runtime Environment, JRE)和Java开发工具箱(Java SE Development Kit,JDK)。JRE提供类库、Java虚拟机以及运行Java应用程序和小应用程序所需的其他组件。JDK包括JRE,除此之外,还增加了命令开发工具,例如Javac、Java、AppletViewer等,以及编译器和调试器。

JDK、JRE与JVM三者之间的关系是JDK包含JRE,而JRE包含JVM。JDK用于Java程序的开发,而JRE只能运行.class文件而没有编译的功能。三者间的关系详见附录A。

如果在DOS命令窗口中使用JDK命令编译并运行Java程序,安装结束后,还要设置环境变量JAVA_HOME、PATH和CLASSPATH。环境变量JAVA_HOME设置的是安装JDK的路径;环境变量PATH设置JDK命令文件所在的路径,设置环境变量PATH后,可以在任何路径下使用这些命令;环境变量CLASSPATH设置类库所在路径,设置后Java程序就可以访问类库中的类了。

1.2.3 任务实施

对于Windows操作系统,双击下载后的产品图标,就可以按照提示安装程序。安装过程中，单击图 1.6 中的“更改”按钮可以更改 JDK 和 JRE 的安装目录。图 1.7 为设置 JRE 的安装目录示例。默认条件下，全部安装到 C:\Program Files\Java\jdk1.8.0_241（假设操作系统安装在 C 盘）。

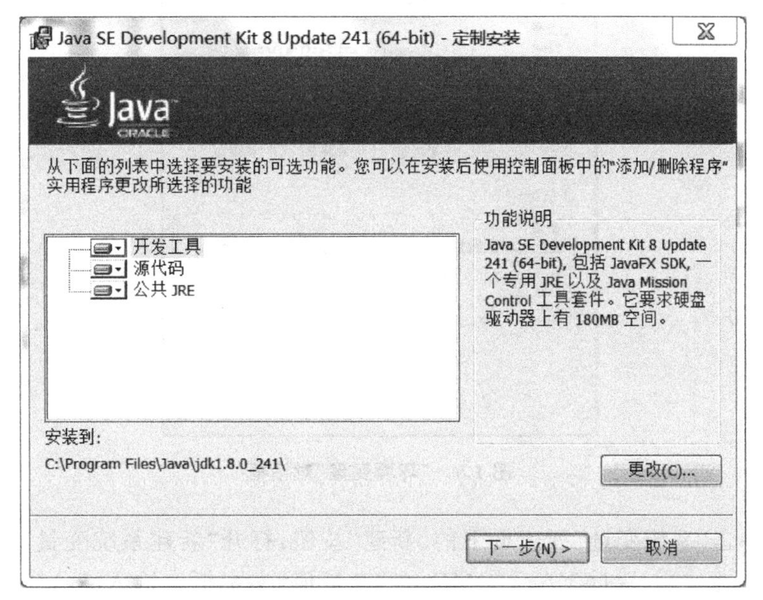

图 1.6　设置 JDK 的安装目录

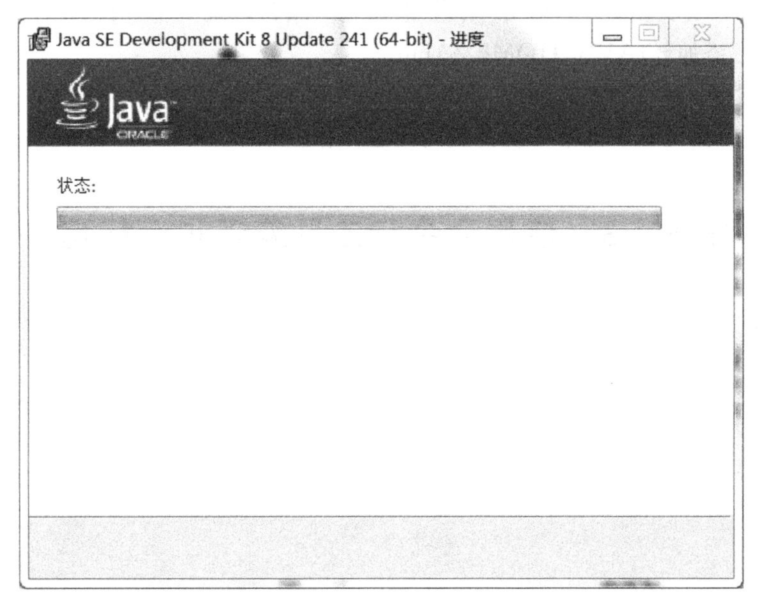

图 1.7　安装进度

设置环境变量 PATH 的方法如下。

(1) 右击桌面上的“我的电脑”图标，选择“属性”选项，打开“系统属性”界面。

(2) 选择“高级”选项卡，并单击其中的“环境变量”按钮，打开“环境变量”对话框，如

图 1.8 所示。

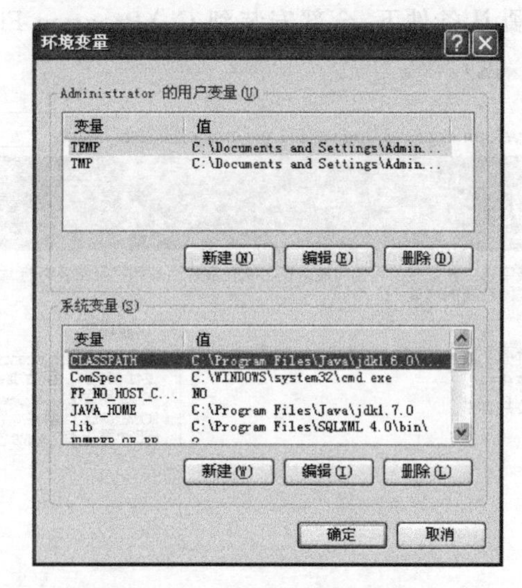

图 1.8 “环境变量”对话框

(3) 先单击“系统变量”列表框下的“新建”按钮，打开“新建系统变量”对话框，并在“变量名”文本框中输入 JAVA_HOME，在“变量值”文本框中输入 C:\Program Files\Java\jdk1.8.0_241。

(4) 选择系统变量 Path，单击“编辑”按钮，在“编辑系统变量”对话框中的“变量值”文本框的最前方添加%JAVA_HOME%\bin。

(5) 设置完后单击“确定”按钮，PATH 设置完毕。

如上所述，就完成了整个环境变量的配置工作。

任务 1.3 使用命令行工具编译和运行程序

1.3.1 任务分析

安装完 Java SE 并设置好环境变量后就可以编译和运行 Java 程序了。Java 程序包括 Java 应用程序和 Java 小应用程序，本书主要讲述 Java 应用程序。

本任务使用 Java SE 的命令行工具编译和运行如图 1.1 所示的程序。程序源代码如下：

```
/**
  * Hello.java
  */
public class Hello{
    public static void main(String[] args){
        System.out.println("Hello,java!!!");  //输出"Hello,java!!!"
    }
}
```

在记事本中编辑上述程序，然后在DOS命令窗口使用命令行工具编译和运行。

1.3.2 相关知识

编写Java应用程序必须遵循以下规定。

(1) 一个Java源文件通常由一个类组成。类由关键字class声明，class前面可以加修饰符public，也可以不加。每个类的代码都在类名后的一对{}内。

(2) Java源文件的文件名必须与类名一致，扩展名为.java。上述文件的文件名必须是Hello.java。

(3) 每个Java应用程序源文件的类中有且仅有一个public static void main (String[] args)方法，运行应用程序就是运行main()方法中的代码。main()方法前面必须加关键字public static void，方法体所有代码放在一对{}中。

(4) Java程序中可以加入注释。注释是为了使程序容易被别人看懂，在编译时被忽略。注释分为如下三类。

① 单行注释。单行注释是对程序中的某一行代码进行解释，用符号"//"表示。"//"后面为被注释的内容，具体示例如下：

```
int c =10;                          // 定义一个整型变量
```

② 多行注释。多行注释以符号"/ * "开头，以符号" * /"结尾，具体示例如下：

```
/* int c =10;
   int x =5; */
```

③ 文档注释。以"/ * * "开头，并在注释内容末尾以" * /"结束。文档注释是对代码的解释说明，可以使用javadoc命令将文档注释提取出来生成帮助文档。

1.3.3 任务实施

1. 在记事本中编辑程序

单击"开始"图标，从弹出的菜单中选择"运行"选项，打开"运行"对话框，如图1.9所示。在"运行"对话框中输入notepad，单击"确定"按钮，打开记事本程序(此处当然也可用其他方式新建记事本)。

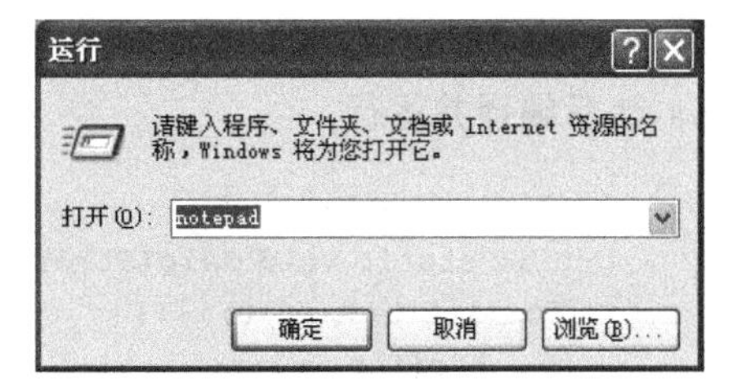

图1.9 "运行"对话框

在记事本窗口中输入上述代码，如图1.10所示。以Hello.java为文件名保存，在"文件类型"下拉列表框中选择"所有文件"选项。保存文件的路径可以自己设置，假设文件保存在E:\JAVA程序示例中。保存后可以在E盘中的"JAVA程序示例"目录中找到文件Hello.java。

```
public class Hello{
   public static void main(String[] args){
      System.out.println("Hello,java!!!");
   }
}
```

图 1.10 在记事本中编辑 Java 源文件

2. 在 DOS 命令窗口执行编译

在如图 1.11 所示的"运行"对话框中输入 cmd 后单击"确定"按钮,打开 DOS 命令窗口。将路径切换到 Hello.java 所在的目录 E:\JAVA 程序示例,输入 javac Hello.java 执行编译,如图 1.11 所示。如果程序中有错误,将显示错误的类型和位置。编译成功后在同一个目录即 E:\JAVA 程序示例下生成 Hello.class 文件。

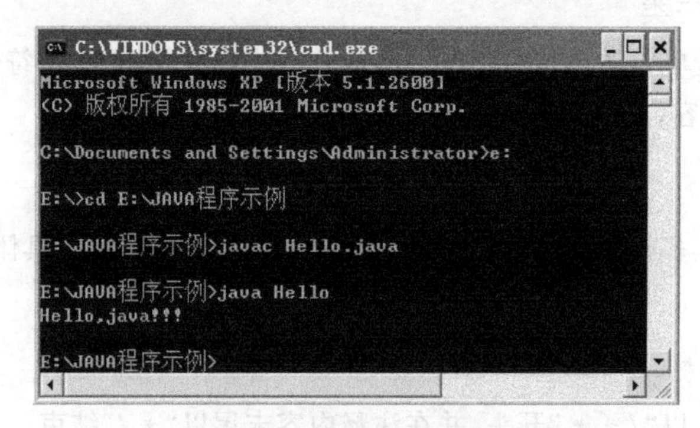

图 1.11 编译 Java 程序

3. 运行 Java 程序

编译成功后输入 java Hello 运行程序,然后就可以看到运行结果,如图 1.1 所示。

1.3.4 知识拓展

下列程序运行后将输出一组"*",组成一个三角形。先在记事本中编辑程序 Star.java,然后编译并运行。

```
public class Star{
  public static void main(String[] args){
     for(int i=1;i<10;i++){
        for(int j=1;j<=i;j++){
           System.out.print("*");     //输出"*"
        }
        System.out.println();         //执行换行
     }
  }
}
```

运行结果如图 1.12 所示。

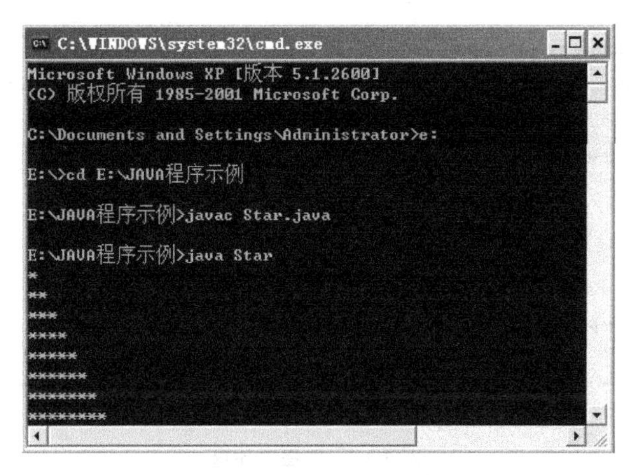

图 1.12 Star.java 运行结果

任务 1.4 使用集成的开发工具

1.4.1 任务分析

1.3.3 小节中，通过使用记事本和 DOS 命令窗口来编写、编译、运行 Java 应用程序。但是，用记事本编写 Java 源程序很不方便，容易出错又没有提示，而且不能在友好的图形界面下进行编译和运行，因此这种“手工作坊式”的编写 Java 源程序的方法劳时费力还容易出错。但是，时代总是在进步，可以利用一类软件使编程从“手工作坊式”一步跨入“蒸汽机时代”，那就是集成开发环境(Integrated Development Environment，IDE)。IDE 是一类软件，它将开发环境、编译和程序调试运行环境集合在一起，同时提供友好的图形界面，为 Java 程序开发带来了极大的方便。

用于开发 Java 程序的 IDE 软件很多，这里选用当前用得最好的 Eclipse 工具。Eclipse 可以从它的官网上(http://www.eclipse.org/downloads/packages/)免费下载，但使用 Eclipse 之前，系统中须先安装 Java SE。还有一种集成的 Java IDE 是 MyEclipse，它是一种付费软件，Eclipse 与 MyEclipse 的具体区别详见附录 B。本书采用的 IDE 是 Eclipse。

下面将在 Eclipse 中开发 Java 的程序，通过在 Eclipse 中编辑并运行 Hello.java，学习掌握 Eclipse 的基本用法。

1.4.2 任务实施

1. 指定工作空间

运行 Eclipse 后首先弹出如图 1.13 所示的对话框，要求指定工作区(Workspace)。

工作区是指定路径下的一个目录，它的作用是管理资源。Eclipse 以项目的形式管理

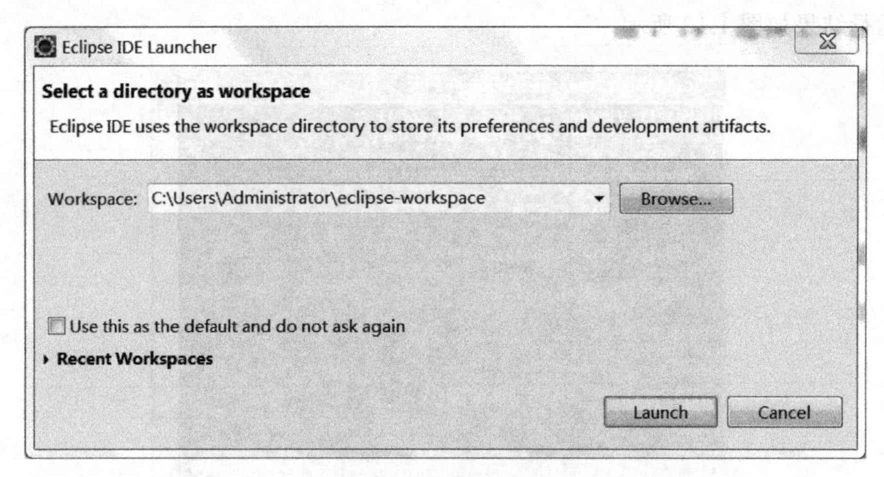

图 1.13 选择工作区

资源，项目则在工作区中新建和管理。

在图 1.13 中单击 Launch 按钮后将出现 Eclipse 运行后的界面，图 1.14 是首次运行时的起始界面，关闭起始界面后将显示如图 1.15 所示的开发界面。

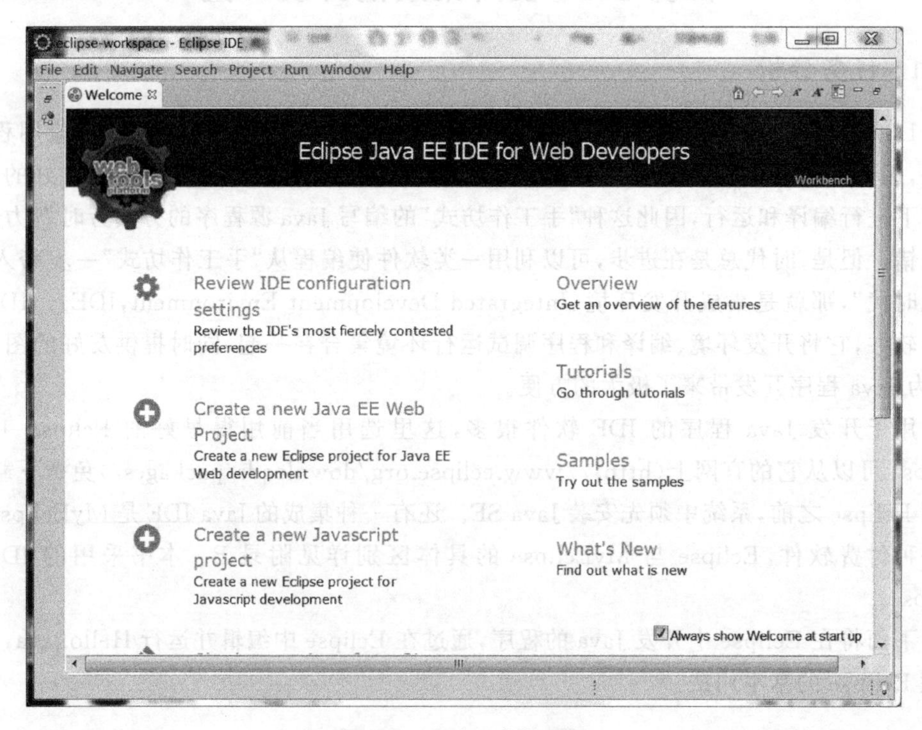

图 1.14 Eclipse 起始界面

2. 创建项目

编写 Java 程序首先必须创建 Java 项目(Project)。在 Eclipse 中，所有代码必须放在

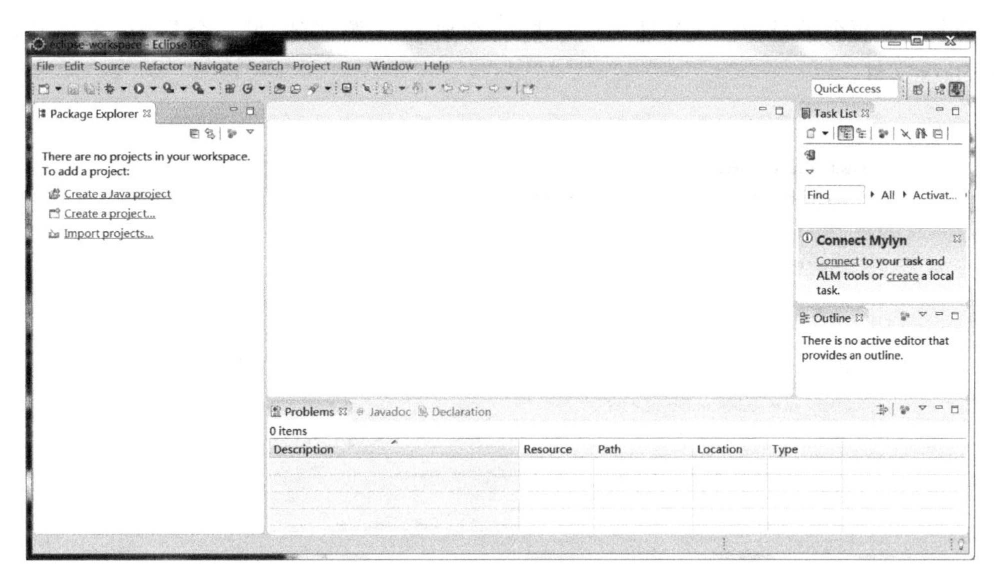

图 1.15 Eclipse 开发界面

项目中，项目用来组织文件、类、库和输出。

创建 Java 项目的步骤是，依次选择 File→New→Java Project 命令，如图 1.16 所示。

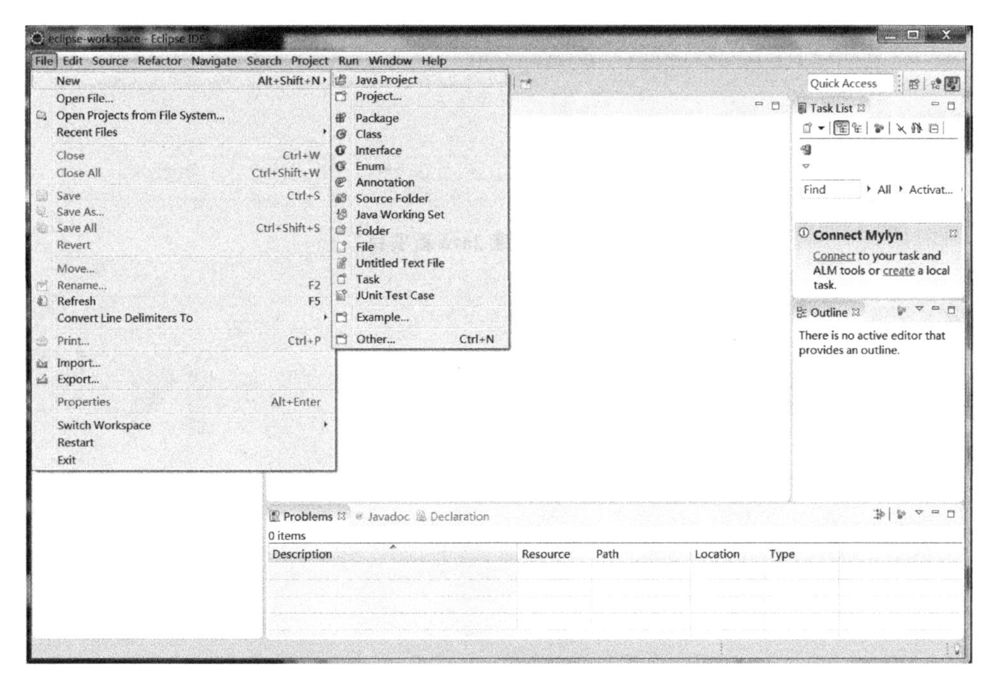

图 1.16 新建项目

然后打开如图 1.17 所示的创建项目对话框。在其中的文本框中输入项目名称，例如 proj1，单击 Finish 按钮完成项目创建。创建成功后就在图 1.18 中显示刚刚创建的项目名称 proj1，同时在工作区目录新建了以项目名称命名的目录 proj1。Eclipse 在每个项目目录中创建两个子目录：一个是 src 文件夹，存放.java 源文件；另一个是 bin 文件夹，存放.class 文件。

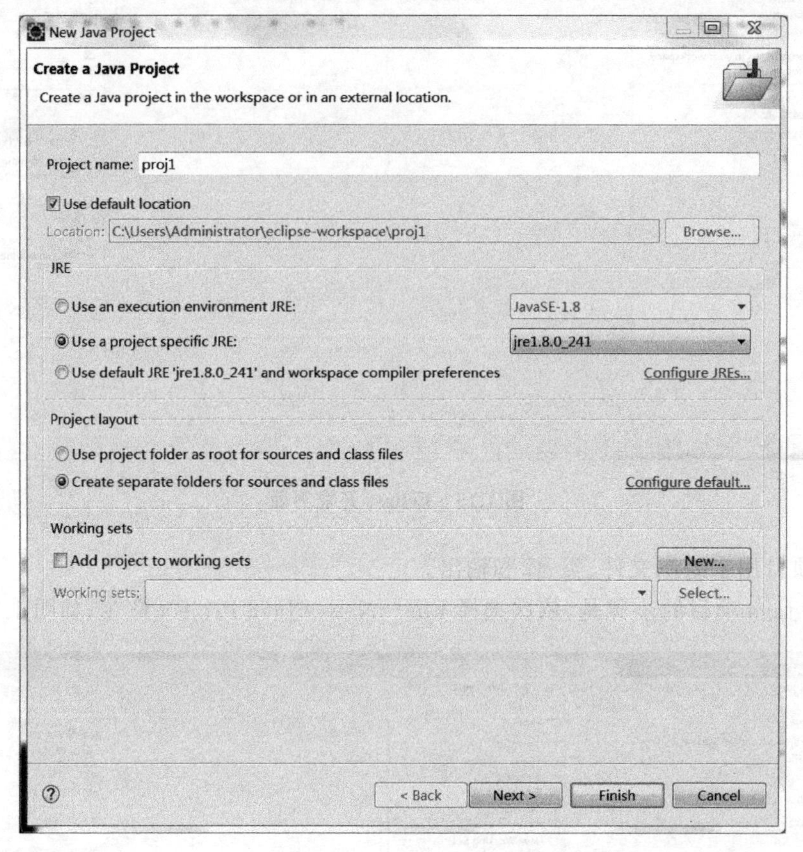

图 1.17　创建 Java 新项目

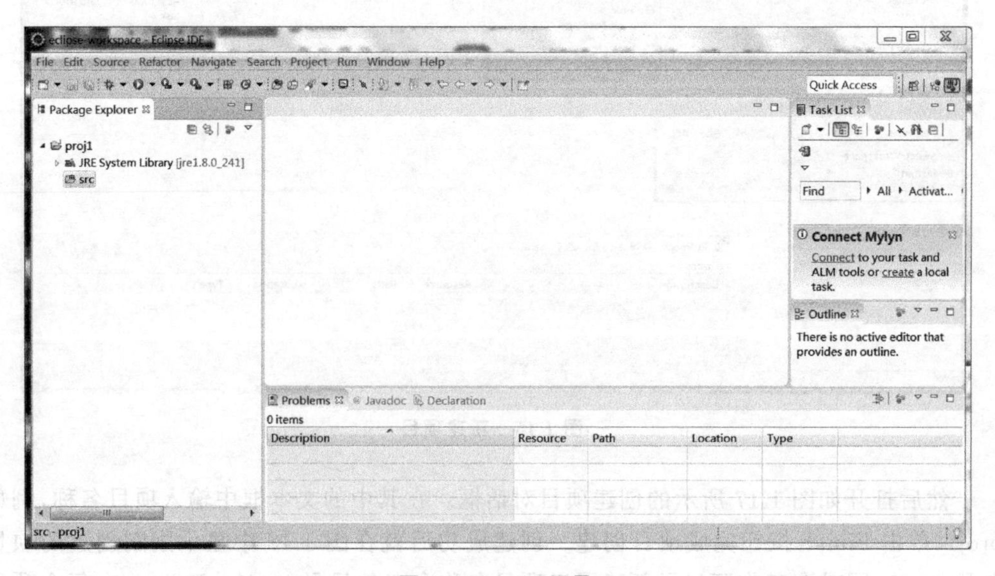

图 1.18　proj1 目录

3. 新建 Java 类文件

项目创建成功后就可以在项目中创建 Java 类文件了。创建 Java 类文件首先必须选中这个类文件所在的项目。创建类的方法很多：可以依次选择 File→New→Class 命令；也可以右击一个项目，在弹出的快捷菜单中选择 New→Class 命令；还可以单击工具栏中带图标 C 的按钮。所有这些方法都将打开如图 1.19 所示的对话框。

图 1.19　新建 Java 类文件对话框

在 Name 文本框中输入类名 Hello，并选中 public static void main(String[] args)复选框，单击 Finish 按钮，将创建并打开 Hello 类，如图 1.20 所示。

可以看到，Hello 类的源文件中自动生成了很多代码，包括 main()方法。如果图 1.19 中没有选中 public static void main(String[] args)复选框，则不会生成 main()方法。

在 main()方法中输入下列语句。

```
System.out.println("Hello,java!!!");
```

输入结束后，单击工具栏中的 Save 按钮，或选择 File→Save 命令，保存更改后的程序。

Eclipse 创建 Java 类文件，或者对类文件执行更改并保存后，都会自动编译类文件。

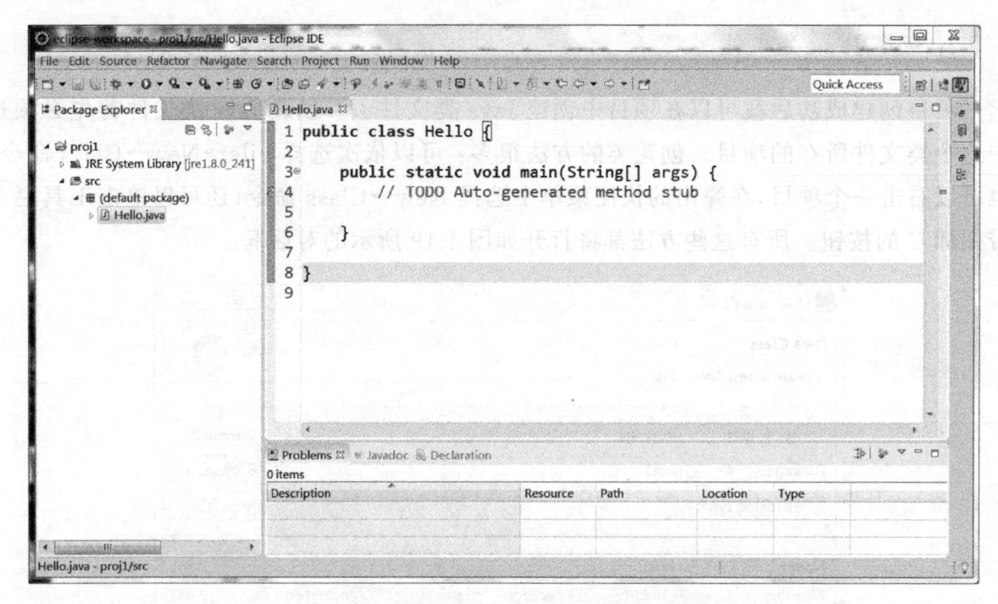

图 1.20 新建 Java 类自动生成的代码

Eclipse 编译后的.class 文件保存在项目目录下的 bin 目录中。

运行 Hello.java 的方法是：依次选择 Run→Run As→Java Application 命令，运行后的输出结果显示在下方的控制台(Console)窗口中，如图 1.21 所示。

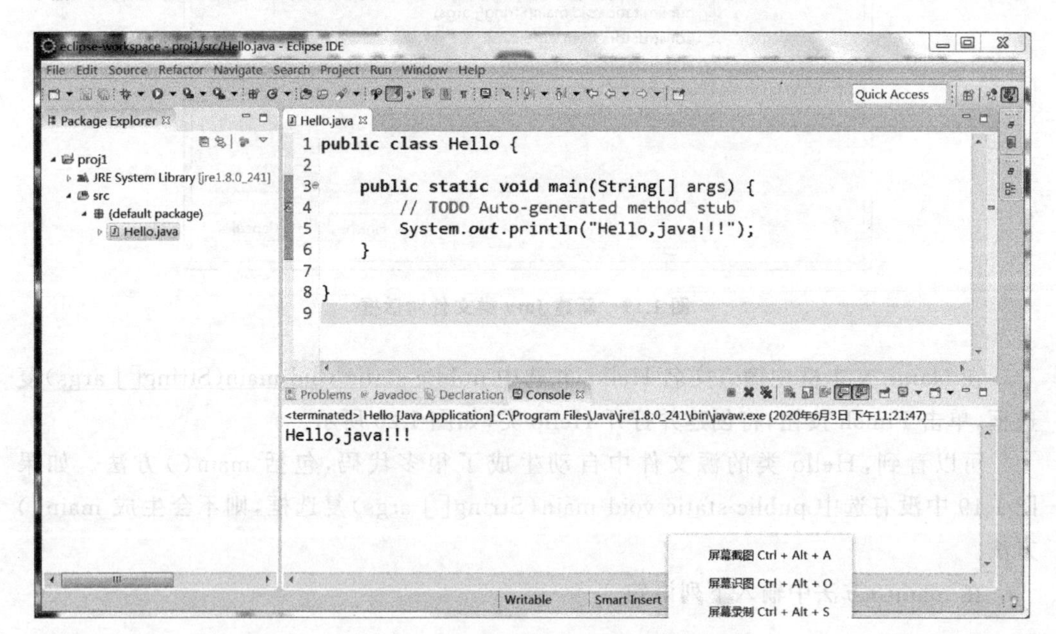

图 1.21 程序运行后在控制台输出结果

1.4.3 知识拓展——MyEclipse 中 Java 项目的组织结构

1. 包资源管理器

什么是包(Package)? 可以把它理解为文件夹。在文件系统中会利用文件夹将文件分类管理,在 Java 中就使用包来组织 Java 源文件。在 MyEclipse 界面的左侧,用户应该可以看到包资源管理器(Package)视图,如图 1.22 所示。

通过包资源管理器,能够查看 Java 源文件的组织结构,各个文件是否有错误,后面还会进一步详细讨论,这是经常要用到的一个视图。

2. 导航器

选择 Windows→Show View→Navigator 菜单命令,看到导航器(Navigator)视图,如图 1.23 所示。

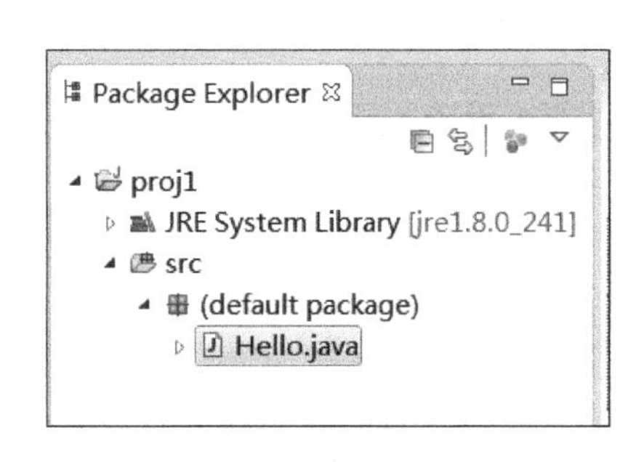

图 1.22 包资源管理器

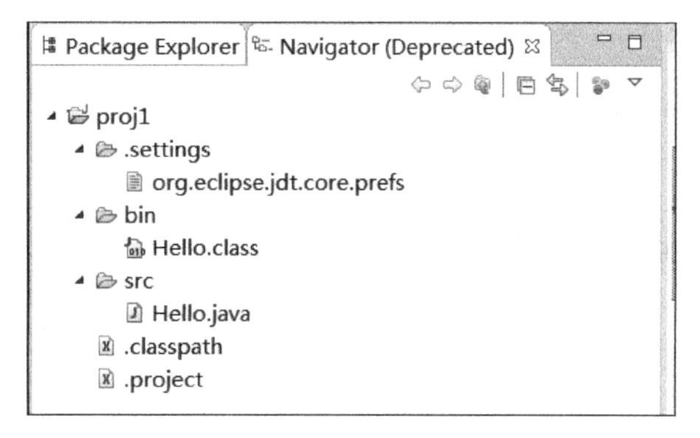

图 1.23 导航器

导航器类似于 Windows 中的资源管理器,它将项目中包含的文件及层次关系都展示出来。在导航器中还有一个 Hello.class 文件,这个就是 JDK 将用户写的源文件进行编译后生成的文件。需要注意的一点是,在 MyEclipse 的项目中,Java 源文件放在 src 目录下,编译后的.class 文件放在 bin 目录下。

提示: 如果无法看到这两个视图,可以选择"窗口"(Window)→"显示视图"(Show View)→"包资源管理器"(Package Explorer)命令和"窗口"(Window)→"显示视图"(Show View)→"导航器"(Navigator)命令打开。

除了 Eclipse 集成开发工具外,还有其他一些开发 Java 程序的集成开发工具,例如 JCreator、JBuilder 等,这些集成开发工具一度也是开发 Java 程序的热门集成开发工具,不过随着时间的推移,被功能更加完善、使用更先进的工具所代替,这也是发展的必然规律。如对上述的集成开发工具有兴趣,可以从相应的网站上了解并下载,如可以从 http://www.jcreator.com 网站下载 JCreator。

任务1.5 上机练习及综合实战

上机练习1——用控制台输出一个Java程序

分别使用记事本和Eclipse集成环境编写Java程序，实现向控制台输出："大家好！我是×××，我非常喜欢Java程序！"

训练要点

(1) 使用记事本程序开发Java程序。

(2) Java输出语句。

(3) 会使用javac和java命令。

(4) 会使用Eclipse集成开发环境编写Java输出语句并编译、运行。熟练掌握Eclipse集成环境的使用方式。

需求说明

从控制台输出一行信息："大家好！我是×××，我非常喜欢Java程序！"

实现思路

(1) 创建记事本程序(或在Eclipse环境下编写程序)，文件名为Test.java。

(2) 编写Java代码以及必要的注释。

```
System.out.println("××××××");     //引号中为所要输出的内容
```

(3) 使用javac命令编译.java文件。

(4) 使用java命令运行编译后的.class文件。

(5) 在Eclipse集成环境下编译并运行文件。

参考代码

```
public class Test{
    public static void main(String[] args){
        /*输出介绍的信息*/
        System.out.println("大家好!我是张三丰,我非常喜欢Java程序!");
    }
}
```

上机练习2——常见错误辨析

程序开发存在一条定律，即"一定会出错"定律。有时候会不经意犯一些错误，有时候为了了解代码还会故意去制造一些错误来做试验。无论如何，都必须能够认识并排除常见的错误。

下面就来见识一些常见的错误类型。

1. 类名不可以随便起

前面曾介绍过，Hello 是类名，是由程序员自由命名的，那么这个类名是否可以随便起呢？在 Hello.java 文件中，把类名修改为 hello，修改后的代码如下：

```
public class hello {
    public static void main(String[] args) {
        System.out.println("Hello,java!!!");
    }
}
```

修改保存后可以看到 Eclipse 进行了自动编译，在修改的那一行左侧出现了一个带红色叉号的灯泡，将鼠标指针移到灯泡上会出现一个错误提示（翻译后为）：“公用类型 hello 必须在它自己的文件中定义”，如图 1.24 所示。

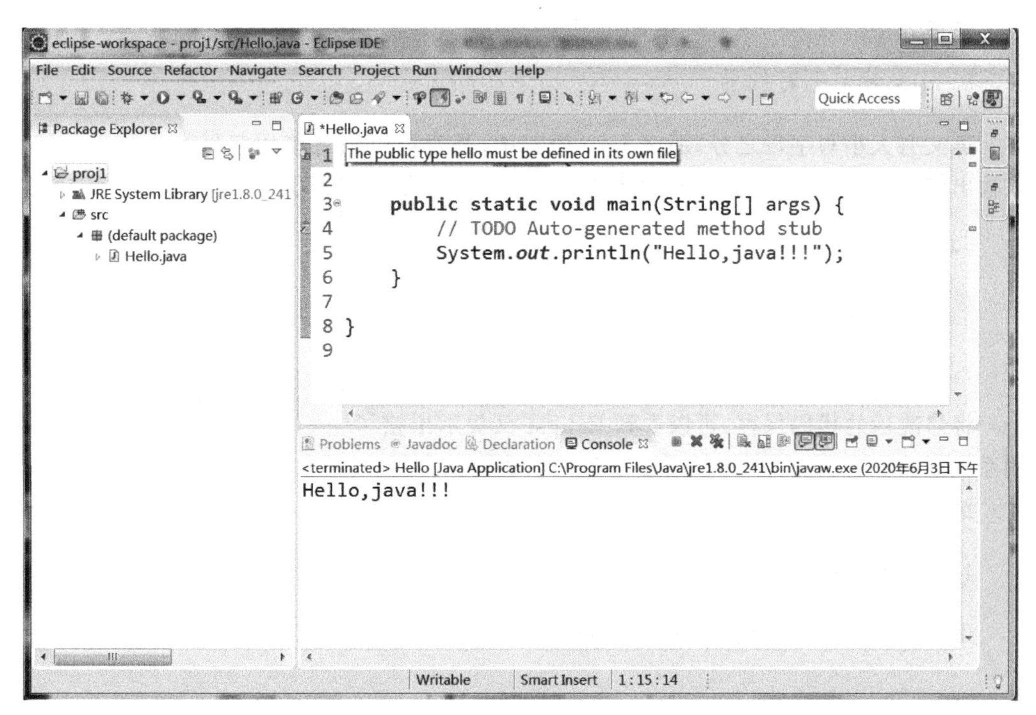

图 1.24　更改类名后的错误页面

仔细观察这个页面，会发现在 Eclipse 的编辑视图里，包资源管理器、问题视图中都给出了错误提示，可以快速定位程序出错的位置，这使得程序开发变得非常方便。

技巧：如果无法看到问题视图，可以选择“窗口”(Window)→“显示视图”(Show View)→“问题”(Problems)命令打开。

那么这个错误提示是什么意思呢？这是 Java 语言自身的一个规定，因此，可以得出第一个结论。

结论 1　public 修饰的类的名称必须与 Java 文件同名。

2. void 不可少

在 main()方法的框架中，void 是告诉编译器 main()方法没有返回值。既然没有，那可不可以去掉呢？去掉 void 后的代码如下所示，保存后，可以看到 Eclipse 给出了“缺少方法的返回类型”的错误提示。

```
public class Hello {
    public static main(String[] args) {           //去掉了 void
        System.out.println("Hello,java!!!");
    }
}
```

那么这个错误提示是什么意思呢？这是 Java 语言自身的又一个规定，因此得出第二个结论。

结论 2　main()方法中的 void 不可少。

3. Java 对大小写敏感

英文有大小写字母之分，那么 Java 语言中，是否可以随意使用字母大小写呢？把用来输出信息的 System 的首字母改为小写 system，修改后的代码如下：

```
public class Hello {
    public static void main(String[] args) {
        system.out.println("Hello,java!!!");
    }
}
```

将修改后的代码保存，可以看到 Eclipse 又提示出错了——“无法解析 system!”这说明系统不认识 system，所以又得出了第三个结论。

结论 3　Java 对大小写敏感。

4. “;”是必需的

用户可试着把上段程序中输出消息的那一行代码后面的“;”去掉，如下所示。

```
public class Hello {
    public static void main(String[] args) {
        system.out.println("Hello,java!!!")  //去掉了“;”
    }
}
```

就会发现在代码行的左侧出现错误提示。

结论 4　在 Java 中，一个完整的语句都要以“;”结束。

5. “""”是必需的

程序员容易犯的其他错误就是常常会不小心漏掉一些东西，如忘记写括号，一对括号只写了一个，一对引号只写了一半等，如下所示的代码就是丢掉了一半引号。保存这段代码，仍然难逃 Eclipse 的火眼金睛，它提示：“字符串文字未用引号正确地引起来！”

```
public class Hello {
    public static void main(String[] args) {
        system.out.println("Hello,java!!!);   //丢掉了“"”
    }
}
```

在后面的学习中将会专门探讨到字符串，现在只需把第五个结论记住就可以了。

结论 5 输出的字符必须用引号引起来，而且必须是英文输入状态下的引号。

小结： 到此为止，认识了 5 个常易犯的错误，并且知道了应该怎样修改。可能有的错误信息读者还不能够完全理解，没有关系，现在的任务是避免犯这些错误，一旦犯了这些错误，也能够找到错在哪里，知道怎样修改，这就足够了。

上机练习 3——Eclipse 快速上手

训练要点

熟练掌握 Eclipse 使用的相关技巧。

需求说明

(1) 在 Eclipse 的代码编辑区域为上机练习 1 的代码显示行号。

(2) 给上机练习 1 中的项目名进行重新命名。

(3) 在 Eclipse 中删除上机练习 1 中项目在包资源管理器中的显示，但是不删除源文件。

(4) 导入教师提供的项目素材，并修改程序中的错误。

实现思路

(1) 显示行号：在代码编辑区左侧右击，在弹出的快捷菜单中选择“显示行号”选项。

(2) 项目重新命名：在包资源管理器中右击项目，在弹出的快捷菜单中选择“重构”(Refactor)→“重命名”(Rename)命令。

(3) 删除项目显示：在包资源管理器中选中项目，选择“删除”选项，在弹出的对话框中选择“不删除内容”选项。

(4) 导入项目：在包资源管理器空白处右击，在弹出的快捷菜单中选择“导入”(Import)选项，在弹出的“导入”对话框中选择“常规”(General)→“现有项目到命名空间中”(Existing Projects into Workspace)命令，单击“下一步”(Next)按钮，单击“浏览”(Browser)按钮，选择需要导入的项目，即可实现导入。

上机练习 4——开发“购书管理系统”界面 1

需求说明

在控制台输出商品价目表，包括商品名称、购买数量、商品单价和金额。要求：使用

“\t”和“\n”进行显示格式的控制。运行结果如图 1.25 所示。

```
Problems  @ Javadoc  Declaration  Console
<terminated> GoodsList [Java Application] C:\Program Files\Genuitec\Common\bin
                    购书清单
商品名称        购买数量        商品单价        金额
战争与和平      1               48              48
Java编程入门    2               40              80
```

图 1.25　购书清单

上机练习 5——开发“购书管理系统”界面 2

需求说明

在控制台输出以下信息。

(1) 购书系统登录菜单,包括“1. 登录系统”和“2. 退出”,运行结果如图 1.26 所示。

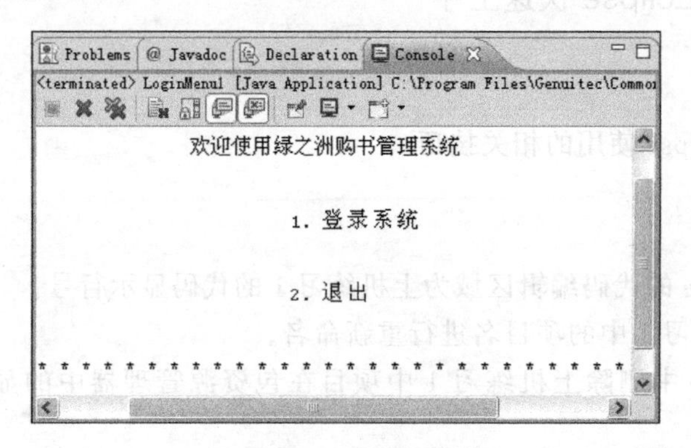

图 1.26　系统登录菜单

(2) 系统主菜单,包括“1. 客户信息管理”“2. 购书结算”“3. 真情回馈”和“4. 注销”,运行结果如图 1.27 所示。

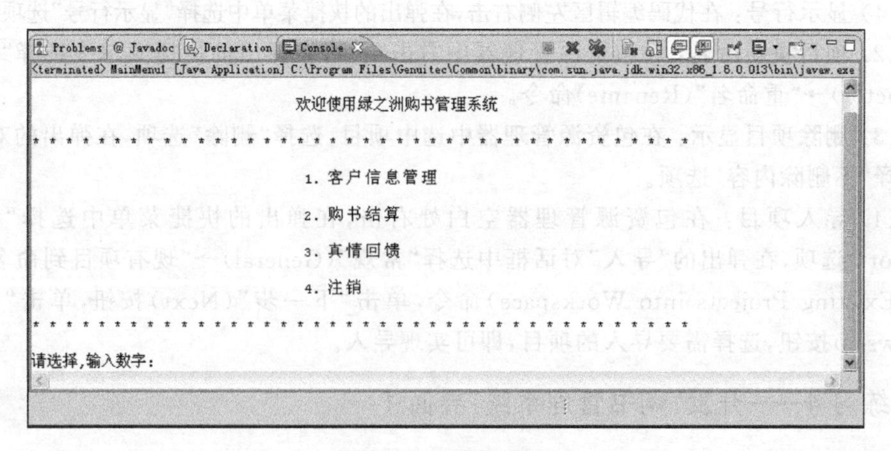

图 1.27　系统主菜单

提示：根据输出格式进行输出，注意使用"\t"和"\n"进行控制。例如，每行菜单项前面都是输出的空格，可以使用多个"\t"来实现。

单元小结

(1) 程序是有序指令的集合。

(2) 开发一个 Java 应用程序的基本步骤：编写源程序、编译程序和运行程序。源程序以.java 为扩展名，编译后的程序以.class 为扩展名。

(3) 编写 Java 程序要注意符合 Java 的编程规范。

(4) 熟悉并掌握 Eclipse 集成开发环境的应用。

课后练习

一、选择题

1. 在 Java 中有效的注释声明为(　　)。(选两项)

A. //这是注释　　B. */这是注释*/

C. /这是注释　　D. /*这是注释*/

2. 在控制台运行一个 Java 程序，使用的命令正确的是(　　)。

A. java Test.java　　B. javac Test.java

C. java Test　　D. javac Test

3. 下面说法正确的是(　　)。(选两项)

A. Java 程序的 main()方法必须都写在类里面

B. Java 程序中可以有多个 main()方法

C. Java 程序中的类名必须与文件名一样

D. Java 程序中的 main()方法中如果只有一条语句，可以不用{}括起来

4. Java 源代码文件的扩展名为(　　)。

A. .txt　　B. .class　　C. .java　　D. .doc

5. 在控制台显示消息的语句正确的是(　　)。

A. System.out.println(我是一个 Java 程序员了!)；

B. System.Out.Println("我是一个 Java 程序员了!")；

C. system.out.println("我是一个 Java 程序员了!")；

D. System.out.println("我是一个 Java 程序员了!")；

二、编程题

编写一个 Java 程序，显示学生的个人信息(如学号、姓名、性别、年龄等)。分别用记事本程序和 Eclipse 程序实现。

单元 2

变量、数据类型和运算符

Unit 2

在单元 1 学习了 Java 程序的基本架构及开发运行 Java 程序的两种环境，主要推荐在 Eclipse 的 IDE(集成开发环境)中创建和运行 Java 应用程序，让用户熟悉开发环境的同时对 Java 程序有一个概貌性的、感性的认识。

Java 是一门面向对象的高级编程语言，就是让程序员与计算机进行沟通交流，告诉计算机让它做哪些事情。既然是语言，就要学习构成这种语言的词汇(变量、关键字、运算符等)、句子(指令)、段落(指令集)。本单元从构成语言最基本的单元——词汇(在 Java 语言中即为变量、关键字和运算符)开始学习。

掌握了这些基本知识，就可以利用所学变量、关键字和运算符写出一条指令，然后是指令集，最终完成写程序的目的。

任务说明

本单元的任务就是通过变量、数据类型和运算符的综合应用来完成类似网上购书系统的购书结算功能，如图 2.1 所示。

```
/**
 * Pay.java
 * 购书结算
 */
public class Pay{
    public static void main(String[] args) {
        int javaPrice = 32;  //Java教材价格
        int cPrice= 27;  //C语言教材价格
        int sqlPrice= 30;  //SQL教材价格
        int javaNo = 2;  //Java教材数量
        int cNo=1;          //C语言教材数量
        int sqlNo=1;      //SQL教材数量
        double discount=0.8;  //折扣率

        /*计算消费总金额*/
        double totalPay=(javaPrice*javaNo+cPrice*cNo+sqlPrice*sqlNo)*discount;
        System.out.println("消费总金额: "+totalPay);

    }
}
```

```
<terminated> Pay [Java Application] C:\Program Files\Genuitec\Common\binary\com.sun.java.jdk.win32.x86_1.6.0.013\bin\javaw.exe (2020-6-10 下午11:09:26)
消费总金额: 96.80000000000001
```

图 2.1 购书结算

完成本单元任务需要学习以下 4 个子任务。

任务 2.1：理解变量以及变量的定义和使用。

任务 2.2：掌握 Java 中的数据类型。

任务 2.3：掌握 Java 中的常见运算符。

任务 2.4：上机练习及综合实战。

任务 2.1 使用变量

2.1.1 任务分析

在程序设计中经常会碰到这样的问题：如果某人在银行存了 10000 元的定期，假设银行的定期利率为 5.5%，问一年后该人能取回多少钱(连本带利)？

有的同学可能会说，这很简单：在纸上书写计算 (10000 + 10000 × 5.5%) = 10550(元)即可解决问题。若把这些问题甚至复杂很多倍的问题交给计算机来处理，计算机是怎么存放和处理这些数据的呢？答案是利用变量去存放数据。

在程序设计中为什么会提到变量呢？

这是因为在编程中不可避免地要处理数据，谈到数据，就想到存放数据的地方——内存。内存类似于人的大脑，人类用大脑思考，计算机用内存来记忆所使用到的数据。那么，内存是如何存放数据的呢？这就像学生(数据)要住宿舍(内存)或客人要住宾馆一样。设想一下去宾馆住宿的场景。首先，宾馆的服务人员要问客人住什么样的房型？是单人间、双人间还是套房？其次，服务人员会根据客人选定的房间类型给客人安排一个合适的房间。这种“先开房间、后入住”的方式就描述了所处理的数据存入内存的过程。首先，根据数据的数据类型为它在内存中分配一块空间(单人间还是双人间等)，然后就可以分配数据进驻这块空间(安排入住)。

2.1.2 相关知识

1. 内存简介

在计算机的组成结构中有一个很重要的部分，就是存储器。存储器是用来存储程序和数据的部件。对于计算机来说，有了存储器，才有记忆功能，才能保证正常工作。存储器的种类很多，按其用途可分为主存储器和辅助存储器，主存储器又称为内存储器(简称内存)，如图 2.2 所示。

内存是 CPU 能直接寻址的存储空间，由半导体器件制成。内存的特点是存取速率快。内存是计算机中的主要部件，它是相对于外存而言的。平常使用的程序，如 Windows 操作系统、打字软件、游戏软件等，一般都是安装在硬盘等外存上的，但仅此是不能使用其功能的，必须把它们调入内存中运行才能真正使用其功能。平时输入一段文字或玩一个游戏其实都是在内存中进行的。这就类似于在一个书房里，存放书籍的书架和书柜相当于计算机的外存，而工作的办公桌就是内存。通常把要永久保存的、大量的数据存储在外存上，而把一些临时的或少量的数据和程序放在内存上，当然内存的好坏会直

图 2.2 主存储器

接影响计算机的运行速度。

2. 数据在内存中的存放

回到本节任务中的问题：计算机如何解决银行存款问题呢？

首先，在计算机的内存中开辟一块空间来存储储户的 10000 元；其次，把存储在内存中的数据 10000 取出后进行计算，根据公式本金＋本金×利率（10000＋10000×5.5％），获得的结果 10550 重新存入该存储空间，就变成一年后的钱了。

图 2.3 显示了内存中存储数据的变化。

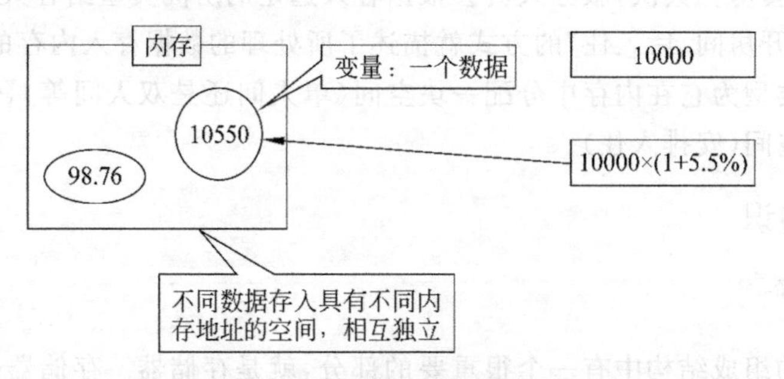

图 2.3 内存中存储数据的变化

由此可见，数据被存储在内存中，目的是便于在需要时取出来使用；或者如果这个数据被改变了，内存中存储的值也会随之进行相应的改变，以便下次使用时用到新的数值。那么，内存中存储的这个数据到底在哪里？怎样获得它呢？

通常就像根据所住的宿舍号可以找到学生一样，根据内存地址可以找到这块内存空间的位置，也就找到存储的数据了。但是内存地址可不像宿舍号那样好记，因此，给这块内存空间起一个别名，通过使用别名找到对应空间存储的数据。变量名就是这样一个别名。

3. 变量及其定义

给变量一个定义：变量是一段有名字的连续存储空间。在源代码中通过定义变量来申请并命名这样的存储空间，并通过变量的名字来使用这段存储空间。变量是程序中数据的临时存放场所。在代码中可以只使用一个变量，也可以使用多个变量，变量中可以存放单词、数值、日期以及属性等值。

下面通过变量与房间的图示关系来理解变量，如图 2.4 所示。

旅馆中的房间	变量
房间名字	变量名
房间类型	变量类型
入住的客人	变量的值

图 2.4 变量与房间的图示关系

通过变量名可以简单快速地找到它存储的数据。将数据指定给变量，就是将数据存储到别名为变量名的那个房间；调用变量，就是将那个房间中的数据取出来使用。可见，变量是存储数据的一个基本单元，不同的变量相互独立。

2.1.3 任务实施

1. 变量的声明及使用

程序运行的过程中，将数值通过变量加以存储，以便程序随时使用。步骤如下。

(1) 根据数据的类型在内存中分配一个合适的“房间”，并给它起名，即“变量名”。

(2) 将数据存储到这个“房间”中。

(3) 从“房间”中取出数据使用，可以通过变量名来获得。

那么，如何使用 Java 语言真正实现这一过程呢？下面以前面提到的银行存款的例子来分析说明。

问题：①在内存中存储本金 10000 元；②显示内存中存储的数据的值。这一问题可用程序描述如下。

示例 2.1

```
public class VarExample1{
    public static void main(String[] args) {
        int money =10000;                //存储本金
        System.out.println(money);      //显示存储的数据的值
    }
}
```

示例 2.1 展示了存储数据和使用数据的过程。在控制台输出的结果如下：

```
10000
```

上例的关键代码虽只有两行，但它展示了变量的定义和使用过程，任何复杂的程序都是由此组成的，下面进行具体分析。

步骤 1 声明变量，即“根据数据类型在内存中申请一块空间”，这里需要给变量起个名字。

语法格式如下：

```
数据类型 变量名;
```

其中，数据类型可以是 Java 定义的任意一种数据类型(关于数据类型会在任务 2.2

中进行详细介绍)。

例如,要存储学生姓名、性别和考试成绩,可以用如下语句来表示。

```
1. String name;      //声明字符串型变量 name 存储学生姓名
2. char sex;         //声明字符型变量 sex 存储性别
3. double score;     //声明双精度浮点型变量 score 存储分数
```

步骤 2 给变量赋值,即“将数据存储至对应的内存空间”。

语法格式如下:

```
变量名=值;
```

例如:

```
name = "张三";          //存储“张三”
sex = '男';             //存储“男”
score = 66.6;           //存储 66.6
```

这样的分解步骤有点烦琐,也可以将步骤 1 和步骤 2 合二为一进行,如示例 2.1 所示,在声明变量的同时给该变量赋值。

语法格式如下:

```
数据类型 变量名=值;
```

例如:

```
String name = "张三";
char sex = '男';
double score = 66.6;
```

步骤 3 调用变量。

所谓“变量调用”,就是使用存储的变量。

```
1. System.out.println(score);   //从控制台输出变量 score 存储的值
2. System.out.println(name);    //从控制台输出变量 name 存储的值
3. System.out.println(sex);     //从控制台输出变量 sex 存储的值
```

可见,使用声明的变量名就是在使用变量对应的内存空间中存储的数据。另外,需要注意的是,尽管可以选用任意一种喜欢的方式进行变量声明和赋值,但是要记住,“变量都必须声明和赋值后才能使用”,因此,要想使用一个变量,对变量的声明和赋值必不可少。

2. 变量的命名规则

就像父母亲给子女起名时姓氏总是随父亲(个别也会随母亲)、名字也有一定寓意一样,变量命名也要遵循一定的规则,表 2.1 列出了变量命名的条件和规则。

Java 变量名的长度没有任何限制,但是 Java 语言区分大小写,所以 price 和 Price 是两个完全不同的变量。同时,Java 变量命名还要遵循一些约定俗成的规范。

规范:变量名要简短且能清楚地表明变量的作用,通常第一个单词的首字母小写,其后单词的首字母大写(这种命名法也称作骆驼命名法)。例如:

表 2.1 变量命名的条件和规则

条件	合法变量名	不合法的变量名
变量必须以字母、下画线"_"或"$"符号开头	_myCar	* myvariable //不能以 * 开头
变量可以包括数字,但不能以数字开头	$ myCar	variable% //不能包含%
除了"_"或"$"符号以外,变量名不能包含任何特殊字符	scorel	9variable //不能以数字开头
不能使用 Java 语言的关键字,如 int、class、public 等	graphl_1	a+b //不能包括+
		My Variable //不能包含空格
		t1-2 //不能包含连字符

```
int ageOfStudent;   //学生年龄
int ageOfTeacher;   //教师年龄
```

经验:为了使程序日后更容易维护,变量的名称要让人一眼就能看出这个变量的作用。ageOfStudent 代表学生的年龄,ageOfTeacher 代表教师的年龄。但是在初学时,很多人喜欢使用一些简单的字母来作为变量名称,如 a、b、c 等,这样尽管正确,但是用户会发现,如果有 100 个变量,在使用时就会大脑发晕,分不清哪个变量代表哪个意思了。所以要尽量使用有意义的变量名。最好尽量使用简短的英文单词。

3. 常见错误

尽管用户很细心或者很自信,已经掌握了刚刚学到的所有知识点,但是进行实战时,所编写的代码还是不可避免地会被编译器挑出毛病。下面列举一些常犯的错误。

(1) 变量未赋值先使用

在前面的讲解中一再强调"变量要先声明后使用",那么如果程序使用了未被赋值的变量会怎样呢?

```
1.  /**
2.   * 常见错误 1
3.   */
4.  public class VarErro1 {
5.      public static void main(String[] args) {
6.          String title;                    //声明变量 title 存储课程名
7.          System.out.println(title);       //从控制台输出存储的值
8.      }
9.  }
```

编译运行代码,编译器会毫不留情地提示编译错误,"局部变量 title 可能尚未初始化"。排错方法:按照本任务所学内容,使用前要给变量赋值。

(2) 使用非法的变量名

变量在命名时如果不符合规则,Java 编译器同样无法正常编译。

```
1.  /**
2.   * 常见错误 2
3.   */
4.  public class VarErro2 {
```

```
5.        public static void main(String[] args) {
6.            //输出课时数到控制台
7.            int % hour =18;
8.            System.out.println(% hour);
9.    }
10. }
```

将代码编译运行，Eclipse又提示运行错误，“标记'%'上有语法错误，删除此标记”。排错方法：按照本任务的命名规则，修改不合法的变量名。

(3) 变量重名

```
1.  /**
2.   * 常见错误 3
3.   */
4.  public class VarErro3 {
5.      public static void main(String[] args) {
6.          String name ="张三";
7.          String name ="李四";
8.      }
9.  }
```

将代码编译并运行，Eclipse提示错误“局部变量name重复”。排错方法：修改使用两个不同的变量名来存储，即变量不能重名。

任务2.2 使用数据类型

2.2.1 任务分析

计算机的基本作用就是做运算。要运算就要给它数据，“巧妇难为无米之炊！”这些数据可能由用户输入、从文件获得，甚至从网络得到。大千世界，数据更是不计其数，但是可以把见过的数据分门别类。是整数还是小数？是一串字符还是单个字符？例如，下面的数据。

手机品牌：三星、诺基亚、摩托罗拉、索爱

手机价格(元)：4500.34、1200.00、3900.5、2800.3

手机电池待机时间(天)：2、3、5、8

这里，手机品牌都是由字符串组成的，手机价格都是带小数的数据，手机电池待机时间都是整数。当然还会经常遇到其他类型的数据，例如，手机“开”或“关”，这就是一个字符。

2.2.2 任务实施

通过介绍Java中使用频率较高的数据类型并进行简单的应用，达到在程序中灵活使用数据类型的教学目的。

1. Java 常用数据类型

如何在程序中表示不同类型的数据呢？Java 定义了许多数据类型，生活中的数据都能够在这里找到匹配。Java 数据类型分为基本数据类型和引用数据类型，基本数据类型的变量名指向具体的数，引用数据类型的变量名指向存储数据对象的内存地址，即变量名指向 hash 值。具体如图 2.5 所示。

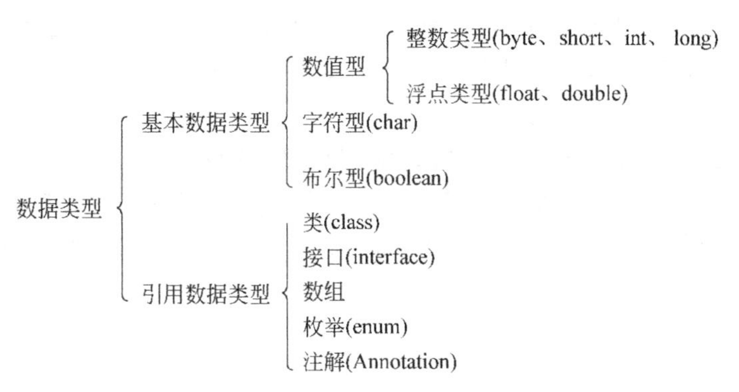

图 2.5 Java 数据类型

本部分我们只需要先掌握好几种常用的基本数据类型，表 2.2 列出了 Java 定义的常用基本数据类型。

表 2.2 Java 定义的常用基本数据类型

数据类型	说　明	举　例
char(字符型)	用于存储单个字符，如性别用'男'、'女'表示，电灯用'开'、'关'表示	char sex;
int(整型)	用于存储整数，如一天的时间是 24 小时，一月份有 31 天	int age;
double(双精度)	用于存储小数，如蒙牛早餐奶的价格 1.3 元，手机待机时间 6.5 小时	double price;
String(字符串)	用于存储一串字符，如“我的爱好是踢足球”“我喜欢 Java 程序”	String name;
boolean(布尔型)	用于存储逻辑值，如“真”“假”	boolean is Big;

在任务 2.1 的讲解中提到了“要根据数值的需求来分配内存空间”，就是指要根据数据的类型来分配内存空间，即是整数、小数还是字符。不同的数据在存储时所需要的空间各不相同，例如，int 型的数值要占 4B，而 double 型的数值要占 8B。因此，不同类型的数据就需要用不同大小的内存空间来存储。其中，int、double、char 都是 Java 定义的关键字。

2. Java 中的 boolean 类型

(1) 为什么需要 boolean 类型

前面已经介绍了一些数据类型，有表示数字的，有表示字符的。但是事物往往还有真假之分，如在判断一件艺术品的时候常说：“这是真的”或“这是假的”。另外，也会经常做一些判断，如“地铁 2 号线的首发车时间是 5:00 吗?”“这次考试成绩在 90 分以上吗?”“健身俱乐部的年费低于 1000 元吗?”等，这些问题都需要经过判断，但结果唯一，要么为“是”(也就是真)，要么为“否”(也就是假)。程序也一样，有时也需要判断真假。这时就需要一种数据类型，专门用来表示真和假。Java 中使用 boolean 类型表示真假。boolean 又称“布尔”，常称为“布尔类型”。boolean 是 Java 的关键字，所有字母均为小写。

(2) 什么是 boolean 类型

boolean 类型可以用来表示真假，那么，怎么表示呢? 其实 boolean 类型有两个值，而且只有这两个值，如表 2.3 所示。

表 2.3　boolean 类型的值

值	说　明
true	真
false	假

(3) 如何使用 boolean 类型

问题：从控制台输入张三同学的成绩，与李四的成绩(80 分)进行比较，然后输出“张三的成绩比李四的成绩高吗”这句话的判断结果。

分析：程序要实现的功能可以分为两部分：实现从键盘获取数据；比较数据，并将比较结果打印输出。

解决该问题的代码如下。

示例 2.2

```
1.  /**
2.   * Hello VarExample2.java   演示 boolean 类型变量的使用
3.   */
4.  import java.util.*;                              //导入 Scanner
5.  public class VarExample2 {
6.      public static void main(String[] args) {
7.          int liSi =80;                            //学员李四的成绩
8.          boolean isBig;                           //声明一个 boolean 类型的变量
9.          Scanner input =new Scanner(System.in);   //Java 输入的一种方法
10.         System.out.println("输入学员张三成绩: "); //提示要输入学员张三的成绩
11.         int zhangSan =input.nextInt();           //输入张三的成绩
12.         isBig =zhangSan >liSi;                   //将比较结果保存在 boolean 变量中
13.         System.out.println("张三的成绩比李四的成绩高吗?" +isBig);
                                                     //输出比较结果
14.     }
15. }
```

执行和输出结果显示如下：

```
输入学员张三成绩:70  张三成绩比李四高吗? false
```

由示例 2.2 可见，正如所有别的数据类型，在使用 boolean 类型之前，也需要首先进行声明和赋值，如下所示。

```
1.  boolean isBig;              //声明一个 boolean 类型的变量
2.  isBig =zhangSan >liSi;      //将比较结果保存在 boolean 变量中
```

但是与前面环节不同的是，现在可以从控制台输入一个整数 70，然后把它存储在变量 zhangSan 中，而不是直接在程序中给变量 zhangSan 赋值 70。这种交互就是通过两行简单的代码实现的。

```
1. Scanner input =new Scanner(System.in);
2. int zhangSan =input.nextInt();
```

记住，这两行代码做的事情就是通过键盘的输入得到张三的成绩。这是Java所提供的从控制台获取键盘输入的功能，就像System.out.println(" ")可以从控制台输出信息一样。不过，要使用这个功能，必须在Java源代码第一行写上一句话。

```
1. import java.util.Scanner;
```

或

```
2. import java.util.*;
```

后续的内容会做进一步解释。这里，只需要记住它的写法就可以了。

任务2.3 掌握常见运算符

2.3.1 任务分析

在程序编码中，经常会遇到类似求平均值、比较大小、把一个数值赋给另一个变量等数据处理过程，这时必不可少地就用到运算符，如解决本单元网上购书结算功能这块任务，其中运算过程就用到运算符。运算符有哪些种类？每种功能如何？这些将在下一环节进行具体讲解。

2.3.2 任务实施

本环节将分别介绍在Java程序中常见的运算符并进行简单的应用。

1. 赋值运算符

在前面单元的学习中，使用最多的就是很不起眼的“=”。例如：

```
int money =1000;                    //存储本金
```

这里使用“=”将数值1000放入变量存储空间中。这个并不陌生的“=”就称为赋值运算符。例如：

```
double height =177.5;
int weight =78;
```

赋值运算符的作用就是将常量、变量或表达式的值赋给某一个变量。表2.4列出了Java中的赋值运算符及其用法。

表2.4 赋值运算符及其用法

运算符	含义	举例	结果
=	赋值	a=3;b=2;	a=3;b=2;
+=	加等于	a=3;b=2;a+=b;	a=5;b=2;

续表

运算符	含义	举例	结果
−=	减等于	a=3;b=2;a−=b;	a=1;b=2;
*=	乘等于	a=3;b=2;a*=b;	a=6;b=2;
/=	除等于	a=3;b=2;a/=b;	a=1;b=2;
%=	模等于	a=3;b=2;a%=b;	a=1;b=2;

问题：已知A学员的Java成绩是80分，B学员的Java成绩与A学员的成绩相同，输出B学员的成绩。

示例2.3

```
1.  public class VarExample3 {
2.      public static void main(String[] args) {
3.          int aScore =80;        //A学员成绩
4.          int bScore;            //B学员成绩
5.          bScore =aScore;
6.          System.out.println("B学员的成绩是: " +bScore);
7.      }
8.  }
```

由示例2.3可知，“=”可以将某个数值赋给变量，或是将某个表达式(如aScore)的值赋给变量。表达式就是符号(如加号、减号)与操作数(如b、3等)的组合。

例如：

```
int b;
int a = (b+3) * (b-1);
```

注意：最后一个语句将变量b的值取出后进行计算，然后再将计算结果存储到变量a中。如果写成“(b+3) * (b−1)=a”，那就要出错了！切记：“=”的功能是将等号右边表达式的结果赋值给等号左边的变量。

2. 算术运算符

人们通常在很小的时候就开始学习如何进行算术运算。最简单的算术运算就是加、减、乘、除。那么，现在如何写程序让计算机完成算术运算呢？Java中提供运算功能的就是算术运算符，它使用数值操作数进行数学计算。表2.5展示了常用的算术运算符。

表2.5 常用的算术运算符

运算符	说明	举例
+	加法运算符，求操作数的和	5+3等于8
−	减法运算符，求操作数的差	5−3等于2
*	乘法运算符，求操作数的乘积	5*3等于15
/	除法运算符，求操作数的商	5/3等于1
%	取余运算符，求操作数相除的余数	5%3等于2

下面就使用上述算术运算符来解决一个简单的问题。

问题：已知学员令狐冲的3门课成绩，具体见表2.6，编写程序实现：①Java课和SQL课的分数之差；②3门课的平均分。

表2.6 学员令狐冲的3门课成绩

课 程	成 绩	课 程	成 绩
STB	89	SQL	60
Java	90		

分析：首先要声明变量来存储数据，然后进行计算并输出结果。

示例2.4

```
1.  public class VarExample4 {
2.      public static void main(String[] args) {
3.          int stb =89;          //STB 分数
4.          int java =90;         //Java 分数
5.          int sql =60;          //SQL 分数
6.          int diffen;           //课程差
7.          double avg;           //平均分
8.          //显示 3 门课程的成绩
9.          System.out.println("------------------------");
10.         System.out.println("STB\tJava\tSQL");
11.         System.out.println(stb +"\t" +java +"\t" +sql);
12.         System.out.println("------------------------");
13.         //计算 Java 课和 SQL 课的成绩差
14.         diffen =java -sql;
15.         System.out.println("Java 和 SQL 的成绩差:" +diffen);
16.         //计算平均分
17.         avg =(stb +java +sql) / 3;
18.         System.out.println("3 门课的平均分是: " +avg);
19.     }
20. }
```

输出结果如图2.6所示。

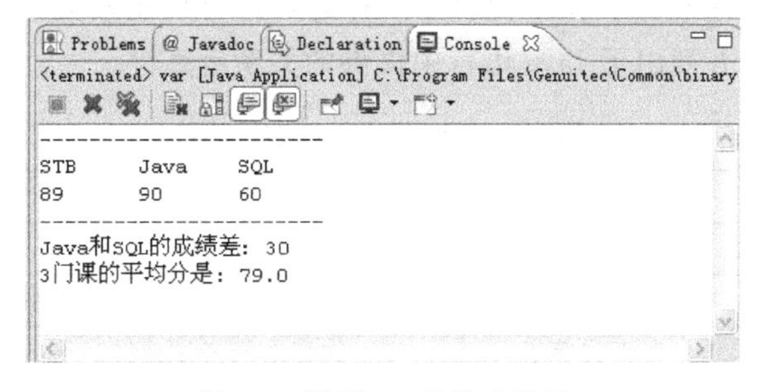

图2.6 示例2.4的输出结果

是不是很简单？算术运算符的使用基本上和平时进行的加、减、乘、除运算一样，也是遵守“先乘除后加减，必要时加上括号表示运算的先后顺序”的原则。要特别注意的是，在使用“/”进行运算时，一定要分清哪一部分是被除数，必要时加上括号，例如：

```
System.out.println(2+4+6/2);
```

以上这行代码计算的是 2+4+(6/2),而不是(2+4+6)/2。

另外,还有两个非常特殊且有用的运算符:自加运算符“++”和自减运算符“--”。不像别的算术运算符运算时需要两个操作数,比如“5+3”,“++”和“--”仅仅需要一个操作数。例如:

```
1.  int num1 =3,
2.  int num2 =2,
3.  num1++;
4.  num2--;
```

这里,“num1++”等价于“num1=num1+1”,“num2--”等价于“num2=num2-1”。因此,经过运算,num1 的结果是 4,num2 的结果是 1。为什么要写成这样?现在也许仅仅觉得它写起来简单点,在以后的学习中,就会慢慢发现它的神奇了。表 2.7 列出了自增、自减运算及其用法。

表 2.7　自增、自减运算及其用法

运算符	含　义	举　例	结　果
i++	将 i 的值先使用再加 1 赋值给 i 变量本身	int i=1; int j=i++;	i=2 j=1
++i	将 i 的值先加 1 赋值给变量 i 本身后再使用	int i=1; int j=++i;	i=2 j=2
i--	将 i 的值先使用再减 1 赋值给变量 i 本身	int i=1; int j=i--;	i=0 j=1
--i	将 i 的值先减 1 后赋值给变量 i 本身再使用	int i=1; int j=--i;	i=0 j=0

3. 关系运算符

现在知道了程序用什么数据类型表示真和假,但是程序如何知道真假呢?可以通过比较大小、长短、多少等得来。Java 提供了一种运算符可以比较大小、长短、多少等,这就是关系运算符。表 2.8 列出了 Java 语言中提供的关系运算符。

表 2.8　Java 提供的关系运算符

关系运算符	说　明	举　例	结　果
>	大于	99>100	false
<	小于	大象的寿命<乌龟的寿命	true
>=	大于或等于	你每次的考试成绩>=0 分	true
<=	小于或等于	你每次的考试成绩<=0 分	false
==	等于	地球的大小==篮球的大小	false
!=	不等于	水的密度!=铁的密度	true

从表 2.8 可以看出,关系运算符是用来做比较运算的,而比较的结果是一个 boolean

(布尔、逻辑)类型的值,要么是真(true),要么是假(false)。正如上机示例 2.2 中“isBig=zhangSan>liSi;”,张三和李四的成绩相互比较的结果(true 或 false)存储在 boolean 变量 isBig 中。

4. 逻辑运算符

逻辑运算符把各个运算的关系表达式连接起来组成一个复杂的逻辑表达式,以判断程序中的表达式是否成立,判断的结果是 true 或 false。

逻辑运算符是对布尔型变量进行运算,其结果也是布尔型,具体如表 2.9 所示。

表 2.9 逻辑运算符及其用法

<table>
<tr><th>运算符</th><th>用 法</th><th>含 义</th><th>说 明</th><th>举 例</th><th>结果</th></tr>
<tr><td>&&</td><td>a&&b</td><td>短路与</td><td>a、b 全为 true 时,计算结果为 true,否则为 false</td><td>2 > 1&& 3<4</td><td>true</td></tr>
<tr><td>||</td><td>a||b</td><td>短路或</td><td>a、b 全为 false 时,计算结果为 false,否则为 true</td><td>2<1||3>4</td><td>false</td></tr>
<tr><td>!</td><td>!a</td><td>逻辑非</td><td>a 为 true 时,值为 false,a 为 false 时,值为 true</td><td>!(2>4)</td><td>true</td></tr>
<tr><td>|</td><td>a|b</td><td>逻辑或</td><td>a、b 全为 false 时,计算结果为 false,否则为 true</td><td>1>2|3>5</td><td>false</td></tr>
<tr><td>&</td><td>a&b</td><td>逻辑与</td><td>a、b 全为 true 时,计算结果为 true,否则为 false</td><td>1<2&3<5</td><td>true</td></tr>
</table>

注意:短路与(&&)和短路或(||)能够采用最优化的计算方式,从而提高效率。&& 的计算方式是如果 a 为 false,则不计算 b(因为不论 b 为何值,结果都为 false),而 & 的两侧表达式都会进行计算;||的计算方式是如果 a 为 true,则不计算 b(因为不论 b 为何值,结果都为 true),而|的两侧表达式都会进行计算。在实际编程时,应该优先考虑使用 && 和||。

结果为 boolean 型的变量或表达式可以通过逻辑运算符结合成为逻辑表达式。逻辑运算符 &&、||和!按表 2.10 进行逻辑运算。

表 2.10 用逻辑运算符进行逻辑运算

<table>
<tr><th>a</th><th>b</th><th>a&&b</th><th>a||b</th><th>!a</th></tr>
<tr><td>true</td><td>true</td><td>true</td><td>true</td><td>false</td></tr>
<tr><td>false</td><td>true</td><td>false</td><td>true</td><td>true</td></tr>
<tr><td>true</td><td>false</td><td>false</td><td>true</td><td>false</td></tr>
<tr><td>false</td><td>false</td><td>false</td><td>false</td><td>true</td></tr>
</table>

逻辑运算符的优先级是:!运算符级别最高,&& 运算符的优先级高于||运算格。!运算符的优先级高于算术运算符,而 && 和||运算符则低于关系运算符。结合方向是:单目运算符! 具有右结合性,双目运算符 & 和|具有左结合性。下面是一些使用逻辑运算符的示例。

```
x>0 && x<=100                    //第一行语句
y%4==0 || y%3==0                 //第二行语句
!(x>y)                           //第三行语句
```

其中,第一行语句用于判断 x 的值是否大于 0 且小于等于 100,只有这两个条件同时成立时结果才为真(true)。第二行语句用于判断 y 的值是否能被 4 或 3 整除,只要有一个条件成立,结果就为真(true)。第三行语句先比较 x 和 y 的大小,再将比较结果取反,即如果 x 大于 y 成立,则结果为假(false),否则为真(true)。

5. 位逻辑运算符

位逻辑运算符包含 4 个:&(与)、|(或)、~(非)和^(异或)。除了~为单目运算符外,其余都为双目运算符。表 2.11 中列出了位逻辑运算符的基本用法。

表 2.11 位逻辑运算符

运算符	含义	实例	结果
&	按位进行与运算(AND)	4 & 5	4
|	按位进行或运算(OR)	4 | 5	5
^	按位进行异或运算(XOR)	4 ^ 5	1
~	按位进行取反运算(NOT)	~ 4	-5

(1) 位与运算符

位与运算符为 &,其运算规则是:参与运算的数字,低位对齐,高位不足的补 0,如果对应的二进制位同时为 1,那么计算结果才为 1;否则为 0。因此,任何数与 0 进行按位与运算,其结果都为 0。

① 与 0 进行按位与运算。例如,100&0 表达式的结果为 0,运算过程如图 2.7 所示。

② 两个非 0 的数字进行按位与运算。例如:

这两行语句执行后变量 z 的值是 4,运算过程如图 2.8 所示。

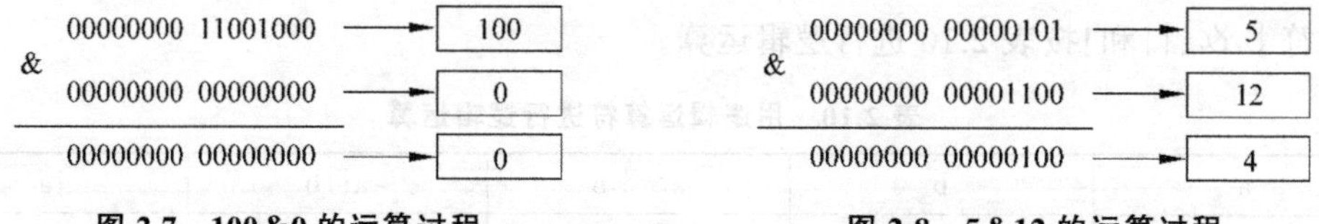

图 2.7 100&0 的运算过程　　图 2.8 5&12 的运算过程

(2) 位或运算符

位或运算符为|,其运算规则是:参与运算的数字,低位对齐,高位不足的补 0。对应的二进制位只要有一个为 1,那么结果就为 1;对应的二进制位都为 0 时,结果才为 0。例如,11|7 运算结果为 15,其运算过程如图 2.9 所示。

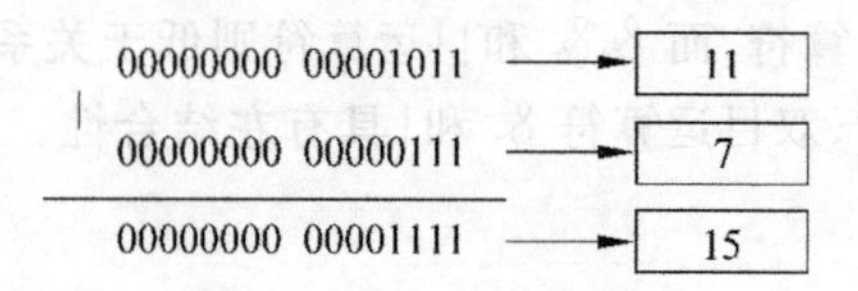

图 2.9 11|7 的运算过程

(3) 位异或运算符

位异或运算符为^,其运算规则是:参与运算的数字,低位对齐,高位不足的补0,如果对应的二进制位相同(同时为0或同时为1)时,结果为0;如果对应的二进制位不相同,则结果为1。例如,11^7运算结果为12,其运算过程如图2.10所示。

注意:在有的高级语言中,将运算符^作为求幂运算符,要注意区分。

(4) 位取反运算符

位取反运算符为~,其运算规则是:只对一个操作数进行运算,将操作数二进制中的1改为0,0改为1。例如,~10运算结果为65525,其运算过程如图2.11所示。

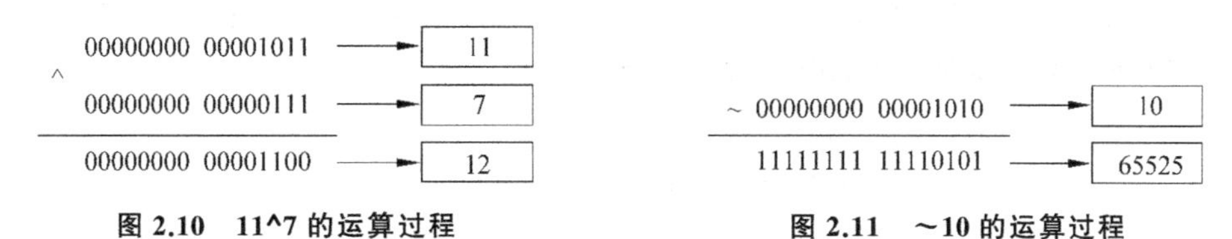

图2.10 11^7的运算过程 **图2.11 ~10的运算过程**

我们可以使用如下的程序来检查~10的运算结果。

编译执行以上程序,会发现输出的结果是-11,而不是65525。这是因为取反之后的结果是十六进制数,而在上面的程序中使用%d将输出转换为了十进制数。因此,可以使用如下语句查看十六进制结果。

执行程序后,输出结果为fff5,将它转换为二进制是1111111111110101。这个二进制数的最高位为1,表示这个数为负数。除最高位外,按位取反再加1,即得到二进制原码1000000000001011,用十进制数表示即为-11。

注意:位运算符的操作数只能是int或者char数据类型以及它们的变体,不用于float、double或者long等复杂的数据类型。

6. 条件运算符(三目运算符)

Java提供了一个特别的三目运算符(也叫三元运算符),经常用于取代某个类型的if-else语句。条件运算符的符号表示为"?:",使用该运算符时需要有三个操作数,因此称其为三目运算符。使用条件运算符的一般语法结构如下:

```
result =<expression>? <statement1>: <statement2>;
```

其中,expression是一个布尔表达式。当expression为真时,执行statement1;否则就执行statement2。此三目运算符要求返回一个结果,因此要实现简单的二分支程序,则可以使用该条件运算符。例如:

```
int x,y,z; x=5,y=1;z=x>y?x-y: x+y;
```

在这里要计算z的值,首先要判断x>y表达式的值,如果为true,z的值为x-y;否则z的值为x+y。很明显程序中x>y表达式的结果为true,所以z的值为4。

技巧:可以将条件运算符理解为if-else语句的简化形式,在使用较为简单的表达式时,使用该运算符能够简化程序代码,使程序更加易读。

在使用条件运算符时,还应该注意优先级问题,例如下面的表达式:

```
x>y?x-=y: x+=y;
```

在编译时会出现语法错误,因为条件运算符优先于赋值运算符,上面的语句实际等价于:

```
(x>y?x-=y: x)+=y;
```

而运算符“+=”是赋值运算符,该运算符要求左操作数应该是一个变量,因此出现错误。为了避免这类错误,可以使用括号来加以区分。例如,下面是正确的表达式:

```
(x>y) ? (x-=y): (x+=y)
```

示例 2.5　在程序中声明 3 个变量 x、y、z,并由用户从键盘输入 x 的值,然后使用条件运算符向变量 y 和变量 z 赋值。实现代码如下:

```
1.   public class Test9 {
2.       public static void main(String[] args) {
3.           int x, y, z;                    // 声明 3 个变量
4.           System.out.print("请输入一个数: ");
5.           Scanner input =new Scanner(System.in);
6.           x =input.nextInt();             // 由用户输入 x 的值
7.           // 判断 x 的值是否大于 5,如果是,则 y=x;否则 y=-x
8.           y =x >5 ? x : -x;
9.           // 判断 y 的值是否大于 x,如果是,则 z=y;否则 z=5
10.          z =y >x ? y : 5;
11.          System.out.printf("x=%d \n", x);
12.          System.out.printf("y=%d \n", y);
13.          System.out.printf("z=%d \n", z);
14.      }
15.  }
```

保存程序并运行,运行效果如图 2.12 和图 2.13 所示。

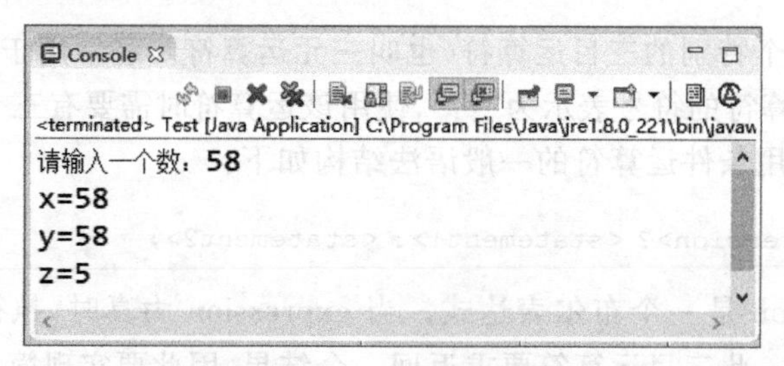

图 2.12　键盘输入 58

Console
<terminated> Test [Java Application] C:\Program Files\Java\jre1.8.0_221\bin\javaw
请输入一个数: 4
x=4
y=-4
z=5

图 2.13　键盘输入 4

在该程序中，首先输入 x 的值为 58，然后判断 x 的值是否大于 5，显然条件成立，则 y 的值为 x，即 y=58；接着判断 y 的值是否大于 x，因为 y 的值和 x 的值都为 58，所以该条件是不成立的，则 z=5。再次输入 x 的值为 4，然后判断 x 的值是否大于 5，不成立，则 y=−4；接着判断 y 的值是否大于 x，不成立，则 z=5。

7. 运算符的优先级

在对一些比较复杂的表达式进行运算时，要明确表达式中所有运算符参与运算的先后顺序，我们把这种顺序称作运算符的优先级。表 2.12 列出了 Java 中运算符的优先级，数字越小优先级越高。

表 2.12　Java 中运算符的优先级

<table>
<tr><th>优先级</th><th>运 算 符</th></tr>
<tr><td>1</td><td>. [] ()</td></tr>
<tr><td>2</td><td>++ -- ~ ! (数据类型)</td></tr>
<tr><td>3</td><td>* / %</td></tr>
<tr><td>4</td><td>+ -</td></tr>
<tr><td>5</td><td><< >> >>></td></tr>
<tr><td>6</td><td>< > <= >=</td></tr>
<tr><td>7</td><td>== !=</td></tr>
<tr><td>8</td><td>&</td></tr>
<tr><td>9</td><td>^</td></tr>
<tr><td>10</td><td>|</td></tr>
<tr><td>11</td><td>&&</td></tr>
<tr><td>12</td><td>||</td></tr>
<tr><td>13</td><td>?:</td></tr>
<tr><td>14</td><td>= *= /= %= += -= <<= >>= >>>= &= ^= |=</td></tr>
</table>

小结：回想一下，到现在为止，学过的数据类型和运算符都有哪些？拿出一张纸来写一写，忘了可以翻看前面的内容，这些数据类型和运算符在后面的学习中会经常用到。

8. 数据类型转换

为什么需要数据类型转换呢？在编程中，可能会遇到如下问题。

问题：某班第一次考试平均分是 81.29 分，第二次比第一次增加 2 分，第二次的平均分是多少？

分析：有时会遇到这样的情况，必须将一个 int 数据类型的变量与一个 double 数据类型的变量相加。那么，不同的数据类型能进行运算吗？运算的结果又是什么数据类型呢？

下面将依次来解决上述问题。

首先来看数据类型转换的两种类型。

(1) 自动数据类型转换

要解决不同类型之间的数据计算问题，就必须进行数据类型转换。示例 2.6 用来解决上面描述的问题。

示例 2.6

```
1.    public class VarExample6 {
2.        public static void main(String[] args) {
3.            double firstAvg =81.29;            //第一次平均分
4.            double secondAvg;                  //第二次平均分
5.            int rise =2;                       //增长的分数
6.            //自动类型转换
7.            secondAvg =firstAvg +rise;
8.            //显示第二次考试平均分
9.            System.out.println("第二次平均分是:" +secondAvg);
10.       }
11.   }
```

输出的结果为“第二次平均分是：83.29”。

从代码中可以看出，double 型变量 firstAvg 和 int 型变量 rise 相加后，计算的结果赋给一个 double 型变量 secondAvg，这时就发生了自动类型转换。自动类型转换要符合一定的规则，规则如下。

规则 1 如果一个操作数为 double 型，则整个表达式可提升为 double 型。

首先，Java 具有应用于一个表达式的提升规则，表达式(firstAvg＋rise)中操作数 firstAvg 是 double 型，则整个表达式的结果为 double 型。这时，int 型变量 rise 隐式地自动转换成 double 型，然后，它再和 double 型变量 firstAvg 相加，最后结果为 double 型并赋给变量 secondAvg。看到这里，可能有人要发问了：为什么 int 型变量可以自动转换成 double 型变量？

问得很好，这也是因为 Java 语言的一些规则造成的。将一种类型的变量赋给另一种类型的变量时，就会发生自动类型转换。例如：

```
int score =80;
double newScore =score;
```

这里，int 型变量 score 隐式地自动转换为 double 型变量。但是，这种转换并不是永远无条件发生的。

规则 2 满足自动类型转换的条件。

① 两种类型要兼容：数值类型(整型和浮点型)互相兼容。

② 目标类型大于源类型：double 型可以存放 int 型数据，因为为 double 型变量分配的空间宽度足够存储 int 型变量。因此，也将 int 型变量转换成 double 型变量形象地称为“放大转换”。

(2) 强制类型转换

进一步想一想，并非所有情况下自动类型转换都有效。如果不满足上述条件，例如，在必要时必须将 double 型变量的值赋给一个 int 型变量时，这种转换该如何进行呢？这时系统就不会完成自动类型转换了。

问题：去年 Apple 笔记本计算机所占的市场份额是 20%，今年增长的市场份额是 9.8%，求今年所占的市场份额。

分析：可以发现计算的方法并不难，原有市场份额加上增长的市场份额便是现在所占的市场份额。因此，可以声明一个 int 型变量 before 来存储去年的市场份额，一个 double 型变量 rise 存储增长的部分，但是如果直接将这两个变量的值相加，然后将计算结果直接赋给一个 int 型变量 now 会出现问题吗？试一试就会发现，Eclipse 会提示出错信息，“类型不匹配：不能从 double 转换为 int”。

示例 2.7 给出了解决方案。

示例 2.7

```
1.  public class VarExample7 {
2.      public static void main(String[] args) {
3.          int before =20;                          //Apple 笔记本计算机市场份额
4.          double rise =9.8;                        //增长的市场份额
5.          //计算新的市场份额(double 型变量强制转换成 int 型变量)
6.          int now =before + (int) rise;            //现在的市场份额
7.          System.out.println("新的市场份额是:" +now+ "%");
8.      }
9.  }
```

运行示例 2.7 后的输出结果如下。

```
新的市场份额是: 29%
```

根据类型提升规则，表达式“before+rise”的值应该是 double 型，但是最后的结果却要转换成 int 型，赋给 int 型变量 now。由于不能进行放大转换，因此必须进行显式地强制类型转换。

语法格式如下：

```
(数据类型) 表达式
```

在变量前加上括号，括号中的类型就是要强制转换成的类型。例如：

```
double d =34.5634;
int b = (int)d;
```

运行后 b 的值是：

```
34
```

结论：从以上示例中可以看出，由于强制类型转换往往是从宽度大的类型转换成宽度小的类型，使数值损失了精度(2.3 变成了 2，34.5634 变成了 34)，因此形象地称这种转换为“缩小转换”。

任务 2.4 上机练习及综合实战

上机练习 1——实现购书结算功能

升级购书管理系统，实现购书结算功能。

训练要点

(1) 算术运算符和赋值运算符的使用。

(2) 从控制台输出信息。

需求说明

某读者的购书清单见表 2.13。

表 2.13 某读者的购书清单

图 书	单 价	数 量	图 书	单 价	数 量
Java	32	2	SQL Server	30	1
C 语言	27	1			

通过本购书管理系统购书可享 8 折优惠，编程计算最后购书的实际金额。运行结果如图 2.1 所示。

实现思路

(1) 创建 Java 类 Pay1。

(2) 在 Pay1.java 文件中声明变量存储信息，如图书价格、数量、折扣等。

(3) 计算总金额。总金额为书的总价和折扣的乘积。

参考代码

```
package gdit.edu.bookshopping;
public class Pay1 {
    /*
     * 购书结算
     */
    public static void main(String[] args) {
        int javaPrice =32; //Java 教材价格
        int cPrice =27;    //C 语言教材价格
        int sqlPrice =30;  //SQL Server 教材价格
        int javaNo=2;      //Java 教材数量
        int cNo =1;        //C 语言教材数量
        int sqlNo =1;      //SQL Server 教材数量
        double discount =0.8;
        /*计算消费总金额*/
```

```
            double totalPay=(javaPrice * javaNo+cPrice * cNo+sqlPrice * sqlNo) * discount;
            System.out.println("消费总金额: " +totalPay);
        }
    }
```

上机练习 2——实现打印购书小票和计算积分功能

升级购书管理系统,实现打印购书小票和计算积分功能。

需求说明

在上机练习 1 的基础上实现以下功能。

(1) 结算时用户支付 100 元,打印购物小票。

(2) 计算此次购书获得的会员积分(每消费 10 元可获得 3 分)。

运行结果如图 2.14 所示。

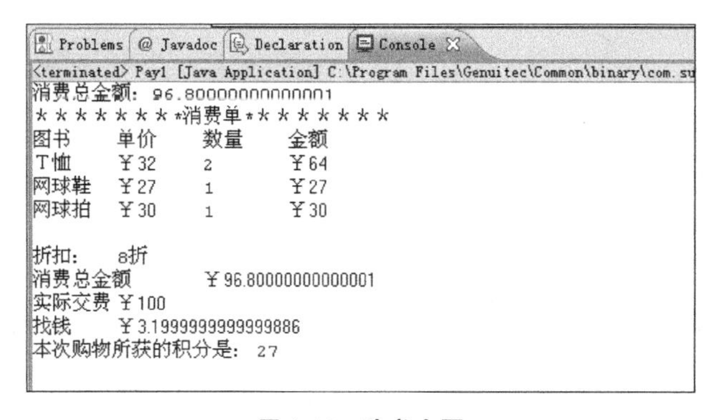

图 2.14 购书小票

上机练习 3——实现购书系统抽奖功能

寻找购书系统幸运客户。

训练要点

(1) 运算符(%、/)的使用。

(2) 使用 Scanner 类接收用户输入。

需求说明

购书系统抽奖规则:从控制台接收用户的 4 位数的会员卡号,如果会员卡号的各位数字之和大于 20,则客户为幸运客户。如有一客户的会员卡号为 7568,计算 7568 各位数字之和,输出结果如图 2.15 所示。

实现思路

(1) 创建 Java 文件 GoodLuck.java。

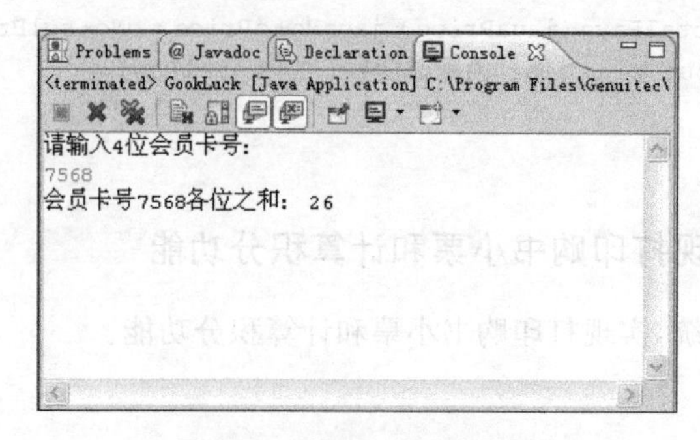

图 2.15 幸运客户输出结果

(2) 使用 Scanner 类接收用户从控制台输入的会员卡号。

(3) 分解获得各位上的数字(用%和/)。

(4) 计算各位数字之和。

参考代码

```
import java.util.Scanner;
public class GookLuck {
    /*
     * 幸运抽奖
     */
    public static void main(String[] args) {
        int custNo;                          //客户会员卡号(说明: customer——客户)
        //输入会员卡号
        System.out.println("请输入 4 位会员卡号: ");
        Scanner input =new Scanner(System.in);
        custNo =input.nextInt();
        //获得每位数字
        int gewei =custNo %10;               //分解获得个位数
        int shiwei =custNo / 10 %10;         //分解获得十位数
        int baiwei =custNo / 100 %10;        //分解获得百位数
        int qianwei =custNo / 1000;          //分解获得千位数
        //计算数字之和
        int sum =gewei +shiwei +baiwei +qianwei;
        System.out.println("会员卡号" +custNo +"各位之和:" +sum);
    }
}
```

上机练习 4——计算员工工资

需求说明

书店为员工提供了基本工资、物价津贴及房租津贴。其中,物价津贴为基本工资的30%,房租津贴为基本工资的 20%。要求: 从控制台输入基本工资,并计算输出实领工资,输出结果如图 2.16 所示。

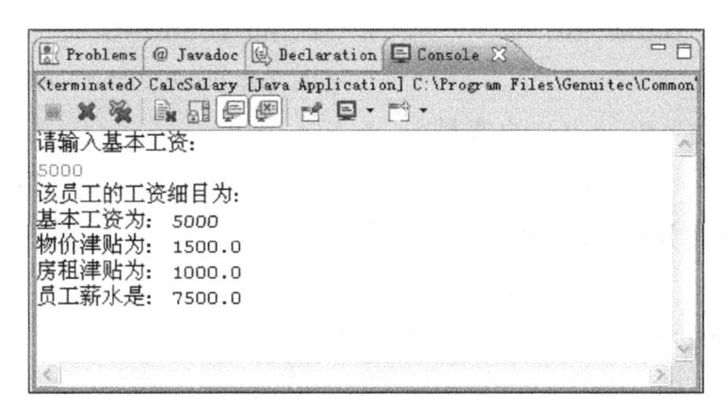

图 2.16　员工工资输出结果

单元小结

(1) 变量是一个数据存储空间的表示,它是存储数据的基本单元。

(2) Java 中常用的数据类型有整型(int)、双精度浮点型(double)、字符型(char)和字符串型(String)。

(3) 变量要先声明并赋值,然后才能使用。

(4) Java 提供各种类型的运算符,具体如下:

① 赋值运算符(=)。

② 算术运算符(+、-、*、/、%)。

③ 关系运算符(>、<、>=、<=、==、!=)。

④ 逻辑运算符(&&、||、!、|、&)。

⑤ 位逻辑运算符(&、|、^、~)。

⑥ 条件运算符(?:)

(5) 数据类型转换是为了不同类型的数据之间进行运算。

(6) 数据类型转换包括自动类型转换和强制类型转换,发生自动类型转换必须符合一定的条件。

课后练习

一、选择题

1. 假定 x 和 y 为整型,其值分别为 16 和 5,则 x/y 和(double)x/y 的值分别为(　　)和(　　)。(选两项)

A. 3　　B. 2　　C. 1　　D. 3.2

2. 以下(　　)是合法的变量名。(选两项)

A. double　　B. 3x　　C. sum　　D. de2$f

3. 下列语句中,(　　)正确完成整型变量的声明和赋值。(选两项)

A. int count，count＝0；　　　　　B. int count＝0；

C. count＝0；　　　　　　　　　　D. int count1＝0，count2＝1；

4. 表达式(11＋3 * 8)/4％3 的值是(　　)。

A. 31　　　B. 0　　　C. 1　　　D. 2

5. 下面(　　)是 Java 关键字。(选两项)

A. public　　　B. string　　　C. int　　　D. avg

6. 分析下面的代码，输出结果正确的是(　　)。

```
double d =84.54;
d++;
int c =d/2;
```

A. 42

B. 编译错误，更改为 int c＝(int)d/2；

C. 43

D. 编译错误，更改为 int c＝int(d)/2；

二、简答题

1. 举例说明在什么情况下会发生自动类型转换。

2. 为抵抗洪水，解放军战士连续作战 89 小时，编程计算共多少天零多少小时。

3. 自定义一个整数，输出该数分别与 1～10 相乘的结果。

提示：使用“\t”控制输出格式。

4. 小明要到美国旅游，可是那里的温度是以华氏度为单位记录的。他需要一个程序将华氏度(℉)转换为摄氏度(℃)，并以华氏度和摄氏度为单位分别显示该温度。编写程序满足小明的心愿。

提示：摄氏度与华氏度的转换公式为：摄氏度＝5/9.0×(华氏度－32)。

单元 3

顺序结构和分支结构

Unit 3

在单元 2 中阐述了变量、Java 中的常用数据类型和运算符，这样，一种语言的基本结构就建立起来了。好比写文章一样，具备了写字、遣词、造句的基础后，接下来就是学习文章的结构与安排。Java 语言也类似，在具备上一单元知识的基础上，下面开始学习 Java 语言的结构。Java 语言的程序结构有 3 种：顺序结构、分支结构和循环结构。其中顺序结构最简单，也是最常见的；分支结构最贴近现实，可以在程序中根据条件进行不同的操作，而循环结构则是在满足条件的情况下循环地执行某段代码。在本单元中首先来学习 Java 语言的顺序结构和分支结构。

任务说明

刚开始学习编程的时候，编写的程序总是从程序入口开始顺序执行每一条语句直到执行完最后一条语句结束，这就是所谓的顺序结构。但是生活中经常需要进行条件判断，根据判断结果决定是否做一件事情。例如，今天如不下雨就在操场上跑步，否则就在室内打乒乓球。在下面的篇幅中将要介绍这两种结构。

完成本单元任务需要学习以下 5 个子任务。

任务 3.1：顺序结构。

任务 3.2：if 和 if-else 结构。

任务 3.3：多重 if 结构。

任务 3.4：switch 分支结构。

任务 3.5：上机练习及综合实战。

任务 3.1 顺 序 结 构

3.1.1 任务分析

顺序结构是所有结构中最简单的结构，也是计算机执行的最一般的流程。这种结构就是按照其书写的从上而下、从左到右的顺序依次执行，直到最后结束。例如，交换变量值以及计算三角形的面积。

3.1.2 相关知识

顾名思义,顺序结构就是按照程序的先后顺序从上至下、从左至右依次执行语句。这种结构是程序中最简单、最基本的结构,我们可以从示例中体会。

3.1.3 任务实施

下面以两个顺序结构的程序为例,体会一下顺序结构的特点及写法。

问题 1:有两个变量 first 和 second,要求把这两个变量的值进行交换之后输出。

把这个程序的代码写入 Test 类中。以下是 Test 类的参考代码。

示例 3.1

```
public class Test{
    public static void main(String[] args){
        int first,second,temp;
        first=20,second=30;
        System.out.println("请输出 first 和 second 交换前的值");
        System.out.println("first="+first);
        System.out.println("second="+second);
        temp=first;
        first=second;
        Second=temp;
        System.out.println("请输出 first 和 second 交换后的值");
        System.out.println("first="+first);
        System.out.println("second="+second);
    }
}
```

问题 2:已知三角形的 3 条边,要求计算三角形的面积。

分析:假设三角形的 3 条边分别为 a、b、c,则

$$\text{三角形的面积}=\sqrt{s(s-a)(s-b)(s-c)}$$

其中:

$$s=\frac{a+b+c}{2}$$

Test 类的参考代码如下。

示例 3.2

```
public class Test
{
    public static void main(String[] args)
    {
        double a=3,b=4,c=5,s;   //三角形的 3 条边
        double area;            //三角形的面积
        s =(a+b+c)/2;
        area =Math.sqrt(s*(s-a)*(s-b)*(s-c));
        System.out.println("该三角形的面积为: "+area);
```

```
    }
}
```

提示：此处在程序前面要导入数学类 java.lang.Math。

任务 3.2 if 和 if-else 结构

3.2.1 任务分析

在实际生活中，经常会需要做一些逻辑判断，并根据逻辑判断结果做出选择。如我们判断一个人是否发烧，就可以用条件结构来实现。

3.2.2 相关知识

1. 单分支 if 结构

if 语句的语法格式如下：

```
if(条件表达式)
        语句;
```

或者

```
if(条件表达式){
    一条或多条语句;
}
```

if 语句执行的流程如图 3.1 所示，具体步骤如下。

(1) 对 if 后面括号里的条件表达式进行判断。

(2) 如果条件表达式的值为 true，就执行表达式后面的语句或者后面大括号里的多条语句。

(3) 如果条件表达式的值为 false，则跳过 if，执行下一条语句。

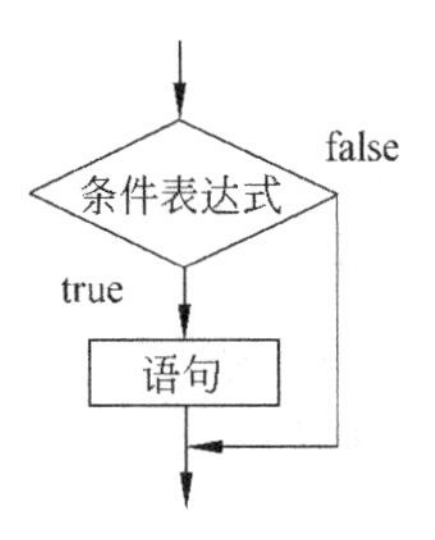

图 3.1 if 语句流程图

例如，判断一个人是否发烧的 Java 程序如下。

```
float temperature;
if(temperature>=37.5){
    System.out.println("在发烧!");
}
```

2. if-else 语句

if-else 语句的语法格式如下：

```
if(条件表达式)
    语句 1;
else
```

```
    语句 2;
```

或者

```
if(条件表达式){
    语句块 1;
}
else{
    语句块 2;
}
```

if-else 语句执行的流程如图 3.2 所示，具体步骤如下。

(1) 对 if 后面括号里的条件表达式进行判断。

(2) 如果条件表达式的值为 true，就执行语句 1 或者语句块 1。

(3) 如果条件表达式的值为 false，就执行语句 2 或者语句块 2。

(4) 继续模拟是否发烧的问题，如果体温大于等于 37.5 即为发烧，否则提示体温正常。Java 程序如下。

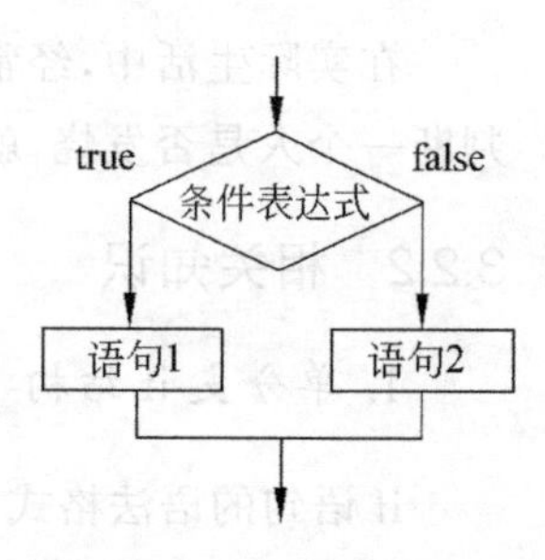

图 3.2 if-else 语句流程图

```
float temperature;
if(temperature>=37.5){
    System.out.println("在发烧!");
}
else{
    System.out.println("体温正常!");
}
```

3. 分支结构嵌套

Java 语言允许对 if-else 条件语句进行嵌套使用。前述分支结构的语句部分可以是任何语句(包括分支语句本身)，这里把分支结构的语句部分仍为分支结构的情况，称为分支结构嵌套。

构造分支结构嵌套的主要目的是解决条件判断较多、较复杂的一些问题。常见的嵌套结构如下所示。

第一种：

```
if (条件表达式 1)
      if (布尔表达式 2)
            语句 1;
```

第二种：

```
if (条件表达式 1)
      if (条件表达式 2)
            语句 1;
      else
            语句 2;
else
      语句 3;
```

3.2.3 任务实施

在任务 3.1 中学会了把两个变量 a 和 b 的值进行交换后输出，如果要求比较 a、b 两个变量的大小，然后输出较大的那个变量的值，请思考有几种方式可以实现？

经过思考之后发现至少有 3 种方法可以实现。

第一种：使用顺序结构来输出，但是需要一个变量来接收最大值，如 max=(a>b?a:b)，然后输出 max 就是最大的那个值。

第二种：使用两个 if 语句来判断。

```
if(a>b)
  System.out.println(a);
if(a<b)
   System.out.println(b);
```

第三种：使用 if-else 结构。

```
if(a>b)
  System.out.println(a);
else
  System.out.println(b);
```

这里参考使用第二种和第三种方法实现。

Test1 类的参考代码如下。

示例 3.3

```
Public class Test1{
    Public static void main(String[] args){
        int a=23,b=36,max;
      if(a>b){
          max=a;
          System.out.println("最大值是: "+max);}
      if(a<b){
          max=b;
          System.out.println("最大值是: "+max);}
    }
}
```

Test2 类的参考代码如下。

示例 3.4

```
Public class Test2
   Public static void main(String[] args){
       int a=23,b=36,max;
       if(a>b){
          max=a;
          System.out.println("最大值是: "+max);}
       else{
          max=b;
```

```
            System.out.println("最大值是: "+max);}
        }
    }
```

问题：如何通过编程来判断是否是闰年？

使用 if-else 结构实现判断闰年的操作，首先要知道闰年的条件是什么，满足闰年的条件是能被 4 整除，并且不能被 100 整除，或者能被 400 整除。

Test3 类的参考代码如下。

示例 3.5

```
import java.util.Scanner;
Public class Test3{
   Public static void main(String[] args){
        Scanner input=new Scanner(System.in);
        System.out.println("请输入年份:"+year);
            int year=input.nextInt();
        if(year%4==0&&year%100!=0 || year%400==0){
            System.out.println(year+"是闰年");
         }else{
             System.out.println(year+"是平年");
        }
    }
}
```

任务 3.3　多重 if 结构

3.3.1　任务分析

在任务 3.2 中介绍的 if 和双重 if 结构能够满足程序中的条件结构，但是现实生活中不是单单只有 a、b 两种选择，那么对于不止两种选择的结构要如何实现？使用多个 if 结构虽然能满足要求，但是条件的编写就会很复杂，而使用嵌套的 if-else 结构也能满足，但是整个程序的结构会很复杂，可读性大大降低，针对这种情况，下面要学习的多重 if 结构就能很好地满足需求。

3.3.2　相关知识

多重 if 结构也叫 if-else-if 结构，是一种常见的多分支选择结构，语法格式如下：

```
if(条件表达式 1){
  语句块 1;
}else if(条件表达式 2){
  语句块 2;
}
...
else if(条件表达式 n-1){
  语句块 n-1;
}else{
```

```
  语句块 n;
}
```

多重 if 结构的执行流程如图 3.3 所示。

if-else-if 语句执行过程如下。

(1) 对 if 后面括号里的条件表达式进行判断。

(2) 如果条件表达式的值为 true,就执行语句块 1。

(3) 否则,对条件表达式 2 进行判断,如果条件表达式的值为 true,就执行语句块 2。

(4) 否则,以此类推。

(5) 如果所有条件表达式的值都为 false,最后执行语句块 n。

多重 if 结构依次对 if 后面的条件表达式进行判断,遇到第一个值为真的条件表达式时,就执行其后面的语句块,然后整个 if-else-if 语句就结束了,不再对后面的条件表达式进行判断和执行。理论上,可以有无限多个 else-if 子句,但是必须并且只能有一个 else 子句。

3.3.3　任务实施

问题:要求根据某位同学的分数判断其等级:优秀(90 分以上);良好(80 分以上 90 分以下);中等(70 分以上 80 分以下);及格(60 分以上 70 分以下);不及格(60 分以下)。

这里可以有多种方式实现该程序,例如,使用分支结构嵌套,但是为了让程序更简单易读,这里选择多重分支结构。

```
score>=90;           //优秀
80=<score<90;        //良好
70=<score<80;        //中等
60=<score<70;        //及格
score<60;            //不及格
```

程序运行结果如图 3.4 所示。

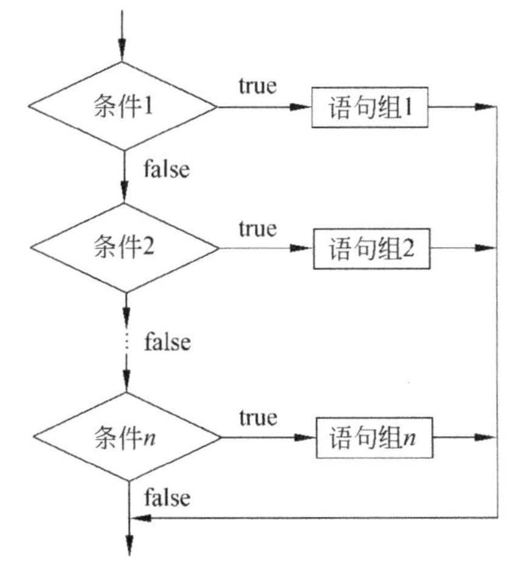

图 3.3　多重 if 结构的执行流程

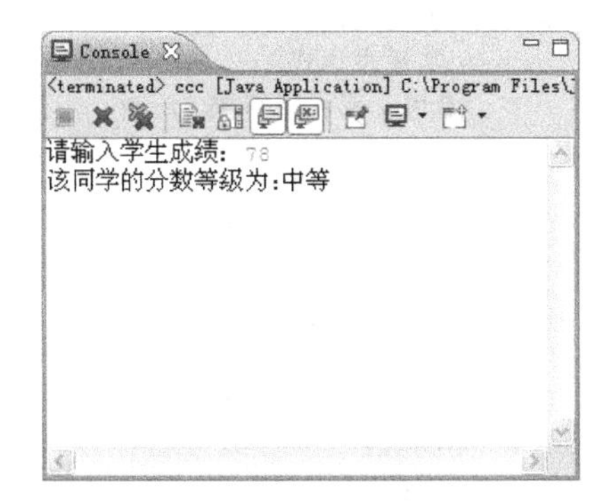

图 3.4　成绩等级输出

参考代码如下。

示例 3.6

```
Public static void main(String[] args){
    Scanner input=new Scanner(System.in);
    int score;
    System.out.print ("请输入学生成绩: ");
    score=input.nextInt();
    if(score>=90){
        System.out.println("该同学的分数等级为: 优秀");
    }else if(score>=80){
        System.out.println("该同学的分数等级为: 良好");
    }else if(score>=70){
        System.out.println("该同学的分数等级为: 中等");
    }else if(score>=60){
        System.out.println("该同学的分数等级为: 及格");
    }else{
        System.out.println("该同学的分数等级为: 不及格");
    }
}
```

任务 3.4 switch 分支结构

3.4.1 任务分析

前面学习了几种分支结构,在几种分支结构中条件一般都是用表达式来表示,而表达式的类型都是布尔类型,表达式一般都是用来判断变量在某个区间或者等值判断。对于等值判断来说,分支越多,多重分支语句就会变得越来越难懂。为了解决这个问题,Java提供了另一种多重分支语句——switch 语句。switch 语句也经常被叫作开关语句。

3.4.2 相关知识

switch 结构的语法格式如下:

```
switch(表达式){
    case 常量表达式 1:
        语句 1 或者语句块 1;
        break;
    case 常量表达式 2:
        语句 2 或者语句块 2;
        break;
    ...
    case 常量表达式 n:
        语句 n 或者语句块 n;
        break;
    default:
        语句或者语句块;
}
```

switch 分支结构的执行流程如图 3.5 所示。

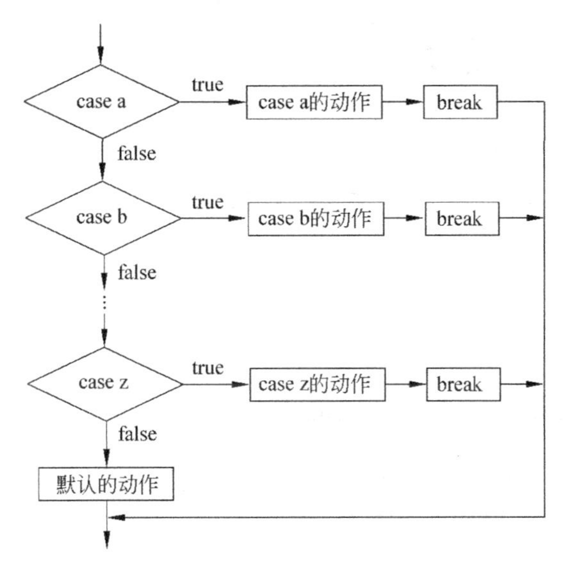

图 3.5 switch 分支结构的执行流程

使用 switch 结构需要注意以下几个方面。

(1) switch 后面的表达式值的数据类型可以是字符型(char)、字节型(byte)、短整型(short)或者整型(int),但不可以是 boolean 型、长整型(long)、浮点型(float、double)。

(2) case 后面的常量表达式值的类型必须与 switch 后面的表达式的类型匹配,而且必须是常量表达式。

(3) break 语句可以省略。如果省略,那么程序会顺序执行 switch 中的每一条语句,直到遇到右大括号或 break 为止。

(4) case 后面的语句可以是一条语句,也可以是多条语句;如果是多条语句,不需要用大括号括起来。

(5) case 分支语句和 default 语句都不是必需的,可以省略。

switch 语句执行的顺序如下。

(1) 将 switch 表达式的值与各个 case 后面常量表达式的值一一进行比较。

(2) 当 switch 表达式的值与某个 case 分支的值相等时,程序执行从这个 case 分支开始的语句组。

(3) 如果没有任何一个 case 分支的值与 switch 表达式的值相匹配,并且 switch 语句包含 default 分支语句,则程序执行 default 分支中的语句组。

(4) 直到遇到 break 语句或者右大括号,switch 语句才结束。

3.4.3 任务实施

要求在控制台输入 0~6 的数字,输出对应的星期数。其中 0 对应星期天,1 对应星期一,以此类推。这里可以使用多个 if 结构来实现,也可以使用分支嵌套结构,还可以使用多重 if 来实现,下面就使用 switch 结构来实现这段程序。程序运行效果如图 3.6

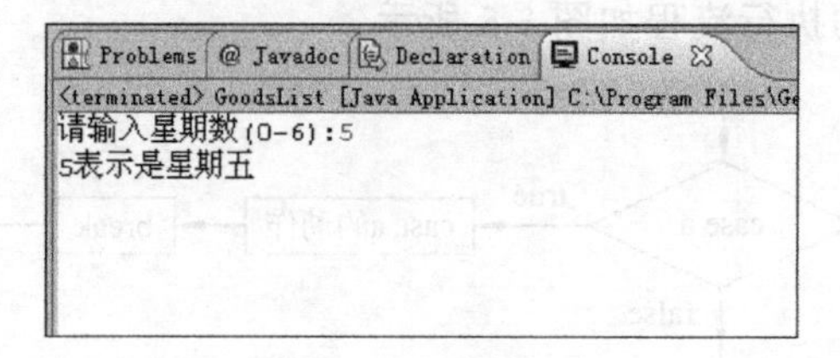

图 3.6 程序输出

所示。

参考代码如下。

示例 3.7

```
public static void main(String args[]) {
    int day;
    Scanner input=new Scanner(System.in);
        System.out.print("请输入星期数(0-6): ");
        day=input.nextInt();
        switch(day)
        {
          case 0: System.out.println(day +"表示是星期日");break;
          case 1: System.out.println(day +"表示是星期一"); break;
          case 2: System.out.println(day +"表示是星期二"); break;
          case 3: System.out.println(day +"表示是星期三"); break;
          case 4: System.out.println(day +"表示是星期四"); break;
          case 5: System.out.println(day +"表示是星期五"); break;
          case 6: System.out.println(day +"表示是星期六"); break;
          default: System.out.println(day+"是无效数!");
        }
}
```

也可以使用 if 结构实现上述程序，这里就简单比较一下 if 分支结构和 switch 分支结构的区别。

从功能上讲，if 语句和 switch 语句都是多分支选择语句，在通常情况下，对于多分支选择结构，使用 if 语句和使用 switch 语句的作用是相同的，但是在实际编写程序的时候要遵循下面的使用原则。

(1) 如果分支的层次不超过 3 层，那么通常使用 if-else-if 语句；否则，使用 switch 语句。

(2) 如果条件判断语句是对一个变量是否属于一个范围进行判断，这时要使用 if-else-if 语句。

(3) 如果是对同一个变量的不同值作条件判断，则可以使用 if-else-if 语句，也可以使用 switch 语句。但建议优先使用 switch 语句，其执行效率相对高一些。

思考：用 switch 语句来实现任务实施 3.3.3 的成绩等级评定问题，要求根据某位同学的成绩判断其等级。评判标准为优秀(90 分以上)、良好(80 分以上、90 分以下)、中等(70 分以上、80 分以下)、及格(60 分以上、70 分以下)、不及格(60 分以下)。

任务 3.5 上机练习及综合实战

上机练习 1——在控制台输出变量的值

训练要点

(1) 表达式的应用。
(2) 程序的顺序执行。

需求说明

把两个变量 a、b 比较大小之后的结果输出。

实现思路

(1) 定义两个变量 a、b(类型可以随意规定)。
(2) 比较 a、b 的大小。
(3) 通过 System.out 输出。

参考代码

```
public static void main(String[] args) {
    int a,b;          //声明变量
    boolean s;        //声明 s 用来接收 a、b 的大小
    a=90;
    b=100;
    s=a>b;
    System.out.println(s);
}
```

上机练习 2——实现两种分支结构

训练要点

(1) if 分支结构。
(2) if-else 分支结构。

需求说明

(1) 用单分支结构实现求鸡兔数量的问题。
(2) 使用单分支结构实现计算行李托运费的问题。
(3) 使用 if-else 语句重新实现(1)、(2)所述的问题。

实现思路

(1) 已知鸡和兔的总数量,以及鸡脚和兔脚的总数,求鸡和兔各自的数量。

(2) 其中鸡和兔的总数量为 10，而鸡脚和兔脚的总数为 32。

程序运行效果如图 3.7 所示。

参考代码

```
Public class animalcount{
    public static void main(String[] args) {
        double chick, rabbit;
        int heads=10, feet=32;
        chick = (heads * 4-feet) /2.0;
        rabbit =heads -chick;
        if (chick==(int)chick && chick>=0 && rabbit>=0) {
            System.out.println("鸡有"+chick+"只");
            System.out.println("兔有"+rabbit+"只");
        }
    }
}
```

(3) 乘坐飞机时，每位旅客可以免费托运 20 千克以内的行李，超过部分假定按每千克收费 1.2 元，试编写相应计算收费的程序。

分析如下。

① 数据变量。

w——行李重量(单位：千克)。

fee——收费(单位：元)。

根据数据的特点，变量的数据类型必须为浮点型，不妨定为 float 类型。

② 算法。

$$\text{fee}=\begin{cases}0; & (w \leqslant 20)\\ 1.2\times(w-20); & (w > 20)\end{cases}$$

③ 由“System.out.println();”语句提示用户输入数据(行李重量)，然后通过利用前述的交互式输入方法给 w 变量赋值。

④ 由单分支结构构成程序段，即对用户输入的数据进行判断，并按收费标准计算收费额。

程序运行效果如图 3.8 所示。

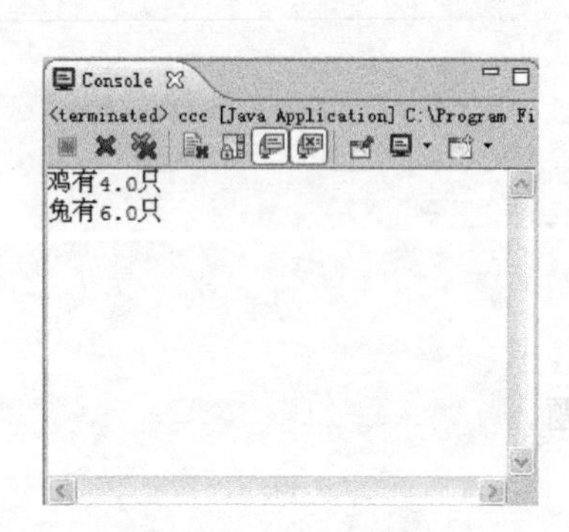

图 3.7 鸡兔问题输出

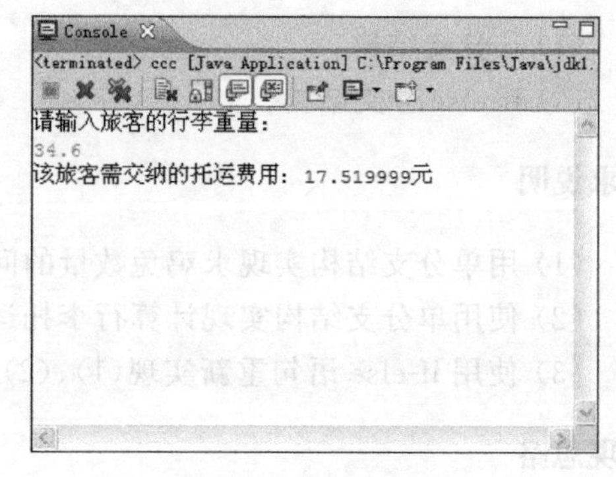

图 3.8 运费问题输出

参考代码

```
public class weight {
    /**
     * 计算运费
     */
    public static void main(String[] args) {
        float w,fee;
        Scanner input=new Scanner(System.in);
        System.out.println("请输入旅客的行李重量：");
        w=input.nextFloat();  //以下代码为通过控制台交互输入行李重量
        fee =0;
        if (w >20)
          fee =(float)1.2 * (w-20);
          System.out.println("该旅客需交纳的托运费用："+fee+"元");
    }
}
```

(4) 使用 if-else 语句重新来实现上述程序。

① 鸡兔问题。

参考代码

```
Public class animalcount{
    public static void main(String[] args){
        double chick,rabbit;
        int heads=10,feet=32;
        chick =(heads * 4-feet)/2.0;
        rabbit =heads -chick;
        if (chick==(int)chick&&chick>=0&&rabbit>=0) {
            System.out.println("鸡有"+chick+"只");
            System.out.println("兔有"+rabbit+"只");
         }else {
            System.out.println("数据输入可能有误!");
        }
    }
}
```

② 运费问题。

参考代码

```
public class weight {
    /**
     * 计算运费
     */
    public static void main(String[] args){
```

```
            float w,fee;
            Scanner input=new Scanner(System.in);
            System.out.println("请输入旅客的行李重量:");
            w=input.nextFloat();  //以下代码为通过控制台交互输入行李重量
            if (w >20)
                fee =(float)1.2 *  (w-20);
                else
                  fee=0;
            System.out.println("该旅客需交纳的托运费用: "+fee+"元");
        }
    }
```

上机练习 3——实现多重分支结构

训练要点

多重分支结构。

需求说明

计算个人所得税,假定个人收入所得税的计算方式如下：当收入额小于等于 1800 元时,免征个人所得税;超出 1800 元但在 5000 元以内的部分,以 20%的税率征税;超出 5000 元但在 10000 元以内的部分,按 35%的税率征税;超出 10000 元的部分一律按 50%征税。试编写相应的征税程序。

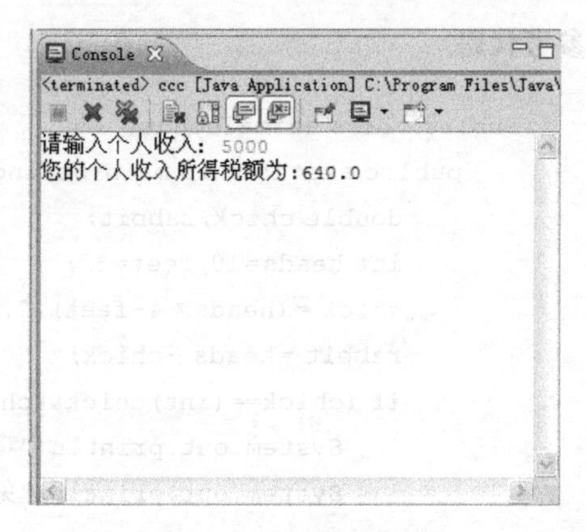

图 3.9 收入问题输出

实现思路

(1) 从控制台输入个人的收入。
(2) 模拟实现个人所得税的算法。
(3) 输出个人所得税。

程序运行效果如图 3.9 所示。

参考代码

```
public class tax {
    /* *
     * 计算个人所得税
     * /
    public static void main(String[] args) {
          double income,tax;
          Scanner input=new Scanner(System.in);
          System.out.print("请输入个人收入: ");
          income= input.nextDouble();
          tax =0;
          if (income <=1800)
```

```
                System.out.println("免征个税.");
            else if (income<=5000)
                tax =(income-1800) * 0.2;
            else if (income<=10000)
                tax =(5000-1800) * 0.2+(income-5000) * 0.35;
            else
                tax =(5000-1800) * 0.2+(10000-5000) * 0.35
                        +(income-10000) * 0.5;
            System.out.println("您的个人收入所得税税额为:"+tax);
        }
    }
```

上机练习 4——实现 switch 选择结构

训练要点

switch 选择结构。

需求说明

李刚参加计算机编程大赛，如果获得第一名，将参加麻省理工学院组织的 1 个月夏令营；如果获得第二名，将奖励惠普笔记本电脑一台；如果获得第三名，将奖励移动硬盘一个；否则，没有任何奖励。

实现思路

(1) 声明变量来记录比赛的名次。

(2) 选择使用 switch 结构来实现这个操作。

程序运行效果如图 3.10 所示。

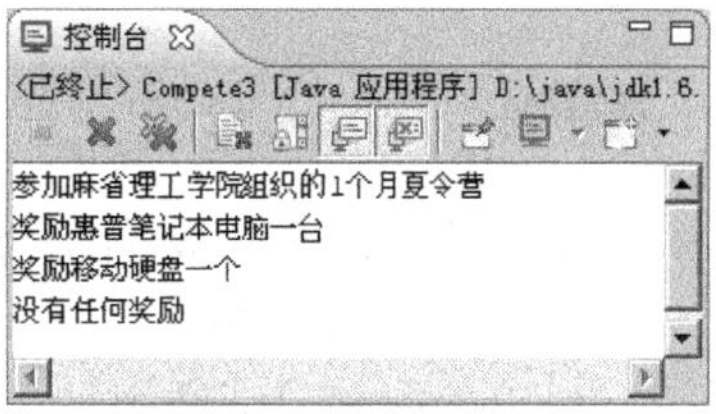

图 3.10　编程大赛输出

参考代码

```
public class Compete2 {
    /**
     * 输出名次的奖品
     */
    public static void main(String[] args) {
        int mingCi =1;  //名次
        switch (mingCi){
            case 1:
                System.out.println("参加麻省理工学院组织的 1 个月夏令营");
                break;
            case 2:
                System.out.println("奖励惠普笔记本电脑一台");
                break;
            case 3:
                System.out.println("奖励移动硬盘一个");
                break;
```

```
            default:
                System.out.println("没有任何奖励");
        }
    }
}
```

单元小结

(1) Java 中的 if 选择结构分为 3 种形式，分别如下。

① 基本 if 选择结构：可以处理单一或组合条件的情况。

② if-else 选择结构：可以处理简单的条件分支情况。

③ 多重 if 选择结构：可以处理复杂的条件分支情况。

(2) 在条件判断是等值判断的情况下，可以使用 switch 选择结构代替多重 if 选择结构，尤其值得注意的是，在使用 switch 选择结构时不要忘记在每个 case 语句的最后写上 break 语句。

(3) 在程序中必要之处加入条件判断语句，可以增加程序的健壮性。

课后练习

一、选择题

1. 下面不属于 Java 条件分支语句结构的是（　　）。

   A. if-else-if 结构　　B. if-else 结构

   C. if-else-if-else 结构　　D. if-end-if 结构

2. 下列关于条件语句的描述中，错误的是（　　）。

   A. if 语句可以有多个 else 子句和 else-if 子句

   B. if 语句中可以没有 else 子句和 else-if 子句

   C. if 语句中的条件可以使用任何表达式

   D. if 语句的 if 体、else 体内可以有循环语句

3. 下列关于 switch 语句的描述中，错误的是（　　）。

   A. switch 语句中，default 子句可以省略

   B. switch 语句中，case 子句和 default 子句都可以有多个

   C. switch 语句中，case 子句中的语句序列中一定含有 break

   D. 退出 switch 语句的唯一条件是执行 break 语句

4. 下列关于多重 if 结构的说法，正确的是（　　）。

   A. 多个 else-if 块之间的顺序可以改变，改变之后对程序的执行结果没有影响

   B. 多个 else-if 块之间的顺序可以改变，改变之后可能对程序的执行结果有影响

   C. 多个 else-if 块之间的顺序不可以改变，改变之后程序编译不通过

   D. 多个 else-if 块之间的顺序不可以改变，改变之后程序编译可以通过

5. 下面的程序执行结果是(　　)。

```
public class Weather{
    public static void main(String[] args){
        int shiDu=45;    //湿度
        if(shiDu>=80){
            System.out.println("要下雨了");
        }else if(shiDu>=50){
            System.out.println("天很阴");
        }else if(shiDu>=30){
            System.out.println("很舒适");
        }else if(shiDu>=0){
            System.out.println("很干燥");
        }
    }
}
```

A. 要下雨了　　B. 天很阴　　C. 很舒适　　D. 很干燥

6. 下列有关 switch 的说法,正确的是(　　)。(选两项)

A. switch 结构可以完全替代多重 if 结构

B. 条件判断为等值判断,并且判断的条件为字符串型变量时,可以使用 switch 结构

C. 条件判断为等值判断,并且判断的条件为字符型变量时,可以使用 switch 结构

D. 条件判断为等值判断,并且判断的条件为整型变量时,可以使用 switch 结构

二、简答题

1. 画流程图并使用 if 条件结构解决以下问题。岳灵珊同学参加了 ACCP 的学习,她的父亲岳不群和母亲宁中则承诺:

如果岳灵珊的考试成绩==100 分,父亲给她买辆车。

如果岳灵珊的考试成绩>=90 分,母亲给她买台笔记本电脑。

如果岳灵珊的考试成绩>=60 分,母亲给她买部手机。

如果岳灵珊的考试成绩<60 分,没有礼物。

2. 画出流程图并使用 if 条件结构实现:如果用户名等于字符"青",密码等于数字"123",就输出"欢迎你,青",否则就输出"对不起,你不是青"。

提示:先声明两个变量,一个是 char 型,用来存放用户名;一个是 int 型,用来存放密码。

3. 什么情况下可以使用 switch 结构代替多重 if 条件结构?简答题的第 1 题可以用 switch 结构实现吗?如果可以,用 switch 结构实现;如果不可以,说明原因。

单元 4

循环结构

在单元 3 中学习了选择结构，通过使用选择结构可以解决逻辑判断的问题，但在实际问题中，经常会遇到多次重复执行的操作，仅仅使用选择结构不容易解决，于是循环结构应运而生。在本单元中，将学习循环结构，利用循环结构可以让程序完成繁重的重复计算任务，同时简化程序编码。在编程的过程中，将一些重复执行的代码采用循环结构进行描述，大大简化了编码工作，使得代码更加简洁、易读。

任务说明

在本单元中，将开发一个简单的连续整数求和的程序，在控制台中显示"连续整数的和"$s=5050$。通过开发这个项目，将了解 Java 循环结构的特点，掌握如何使用 Java 循环结构编写、编译和运行 Java 程序。

求 $s=1+2+3+\cdots+100$，即数学表达式 $\sum_{n=1}^{100} n$。

完成本单元任务需要学习以下 7 个子任务。

任务 4.1：了解循环，知道为什么需要循环以及什么是循环。

任务 4.2：使用 while 循环编写连续整数求和程序。

任务 4.3：使用 do-while 循环改写连续整数求和程序。

任务 4.4：使用 for 循环改写连续整数求和程序。

任务 4.5：使用 break 和 continue 语句。

任务 4.6：嵌套循环。

任务 4.7：上机练习及综合实战。

任务 4.1 了解循环

4.1.1 任务分析

要解决本单元的任务：求 $s=1+2+3+\cdots+100$ 的值，如果利用前几单元学习的顺序结构和选择结构也可以编写出来，但是太复杂而且很容易出错；如果利用循环编程编写该程序，则只有几行代码，简单很多且不易出错。那为什么循环编写的程序简单高效且不易出错呢？循环有这么神奇吗？它的结构是什么？

4.1.2 相关知识

根据前面所学内容，现在从控制台中输出一条语句“Hello，java!!!”，编写一条“System.out.println("Hello，java!!!")；”的语句就可实现，假如要在控制台输出100条“Hello，java!!!”语句，那就得编写100条同样的Java语句；同理，如果需要输出10000条“Hello，java!!!”语句，那就得编写10000条Java语句？答案是否定的，在Java中通过循环语句来处理这种重复执行的动作。

除此之外，在日常生活中或是在程序处理中常常遇到需要重复处理的问题，如下所示。

(1) 要向计算机输入全班50个学生的成绩。

(2) 分别统计全班50个学生的平均成绩。

(3) 求30个整数之和。

(4) 教师检查30个学生的成绩是否及格。

大家一起来看一下全班学生求平均成绩的例子。

例如：全班有50个学生，统计各学生3门课的平均成绩。

实现思路

(1) 输入学生1的3门课成绩，并计算平均值后输出。

```
Scanner input =new Scanner(System.in);
int s11 =input.nextInt();
int s12 =input.nextInt();
int s13 =input.nextInt();
int avg1 = (s11+s12+s13)/3;
```

提示：Scanner对象的nextInt()方法用来接收键盘输入的整数。

(2) 输入学生2的3门课成绩，并计算平均值后输出。

```
Scanner input =new Scanner(System.in);
int s21 =input.nextInt();
int s22 =input.nextInt();
int s23 =input.nextInt();
int avg2 = (s21+s22+s23)/3;
```

(3) 要对50个学生进行相同操作，需对上面的代码重复50次，代码如下：

```
public static void main(String[] args) {
    Scanner input =new Scanner(System.in);
    int s11 =input.nextInt();
    int s12 =input.nextInt();
    int s13 =input.nextInt();
    int avg1 = (s11+s12+s13)/3;

    int s21 =input.nextInt();
```

```
        int s22 =input.nextInt();
        int s23 =input.nextInt();
        int avg2 = (s21+s22+s23) /3;
        …
        int s501 =input.nextInt();
        int s502 =input.nextInt();
        int s503 =input.nextInt();
        int avg50 = (s501+s502+s503) /3;
    }
```

这样的代码虽然可以执行，但是代码量太大，如果需求改为统计 500 位同学的平均成绩，那该怎么办呢？所以一个真正实用、完整的程序有时只通过顺序结构和选择结构是难以完成的，通常还要辅以循环结构。下面将要介绍循环结构，利用这种结构就可以有效地解决上面提到的种种问题。

4.1.3 任务实施

循环结构、顺序结构和选择结构是结构化程序设计的 3 种基本结构，它们是各种复杂程序的基本构造单元。

如果要输出 10000 条相同的语句，可以用以下代码

```
for(i=0;i<10000;i++){
    System.out.println("Hello,java!!!");
}
```

来实现。

上面求 50 个学生平均成绩的代码如果采用循环结构可以改写为以下代码。

```
public static void main(String[] args) {
    Scanner input =new Scanner(System.in);
    int i =1;
    while(i<=50){
        int s1 =input.nextInt();
        int s2 =input.nextInt();
        int s3 =input.nextInt();
        int avg = (s1+s2+s3) /3;
        System.out.println("第"+i+"个同学的平均成绩为"+avg);
    }
}
```

大家看是不是简洁很多。

通过上面的示例，大家对循环应该有了一定的认识。循环就是重复地做，如上面的示例就是重复地计算学生的平均成绩。

在现实生活中，有些事情在一段时间内会重复做。如大学生每天都在重复相同的活动，直到大学毕业；教师每周的课程安排也是在重复进行着，直到学期结束；运动会上，运动员绕着操场一圈接着一圈跑步，除非累倒或跑完全程。

这些循环结构有哪些共同点呢？

可以从循环条件和循环操作两个角度考虑，即明确一句话"在什么条件成立时不断做什么事情"。

所有的循环结构都有这样的特点：首先，循环结构不是无休止进行的，满足一定条件的时候循环才会继续，称为"循环条件"。不满足循环条件的时候，循环退出。其次，循环结构是反复进行相同的或类似的一系列操作，称为"循环操作"。

循环结构是指在算法中从某处开始，按照一定的条件反复执行某一处理步骤的结构。反复执行的步骤称为循环体。

注意：循环结构不能是永无终止的"死循环"，一定要在某个条件下终止循环，这就需要条件结构来做出判断，因此，循环结构中一定包含条件结构。

循环结构可以减少源程序重复书写的工作量，用来描述重复执行某段算法的问题，这是程序设计中最能发挥计算机特长的程序结构。

循环结构根据条件及写法的不同分为 3 种类型，分别为 for 循环结构、while 循环结构和 do-while 循环结构，这 3 种循环结构将在后面环节予以详细介绍。

4.1.4 知识拓展

在编程中，一个无法靠自身的控制终止的循环称为"死循环"。例如在 C 语言程序中，语句"while(1) System.out.println(" * ");"就是一个死循环，运行它将无休止地打印 * 号。不存在一种算法，对任何一个程序及相应的输入数据都可以判断是否会出现死循环。因此，任何编译系统都不做死循环检查。在设计程序时，若遇到死循环，可以通过按 Ctrl+Pause/Break 组合键的方法结束死循环。

任务 4.2 使用 while 循环结构

4.2.1 任务分析

使用 while 循环结构求解 $s=1+2+3+\cdots+100$，即求解 $\sum_{n=1}^{100} n$。

实现思路

(1) 这是累加问题，需要先后将 100 个数相加。

(2) 要重复 100 次加法运算，可用循环实现。

(3) 后一个数是前一个数加 1 而得到的。

(4) 加完上一个数 i 后，使 i 加 1 可得到下一个数。

4.2.2 相关知识

while 循环属于当型循环。什么是当型循环？

当型循环结构的特点就是在每次执行循环体前对条件进行判断，当条件满足时，执行循环体,否则终止循环。

当型循环结构的算法流程如图 4.1 所示。

while 语句的一般形式如下:

```
while(条件表达式)
    循环体
```

其中,条件表达式的返回值为布尔型,循环体可以是单个语句,也可以是复合语句。条件表达式为“真”时执行循环体语句,为“假”时不执行。

while 循环的特点是:先判断条件表达式,后执行循环体语句。

4.2.3 任务实施

当型 while 循环结构解决 1 加到 100 问题的算法设计如图 4.2 所示。

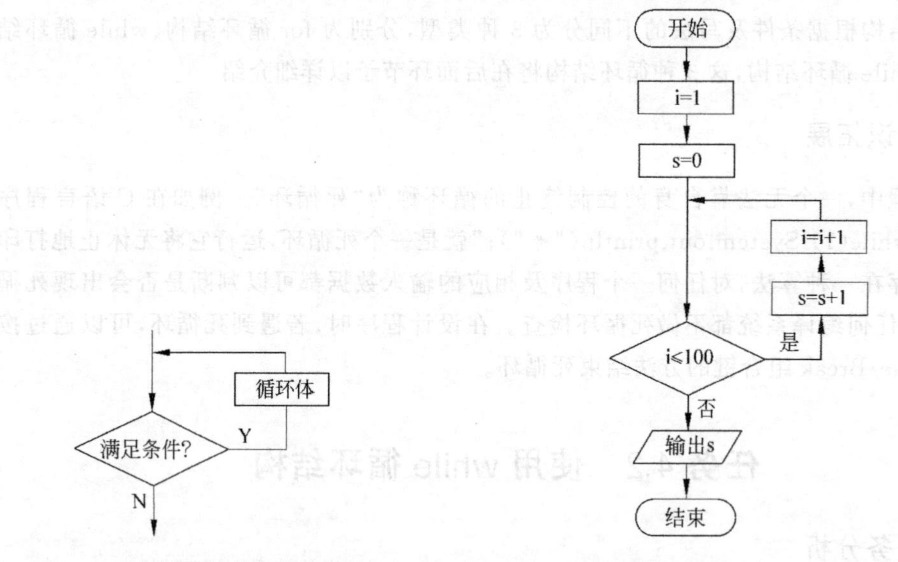

图 4.1 当型循环结构的算法流程

图 4.2 利用当型循环求 1～100 的和的算法流程

步骤如下。

(1) 令 i=1,s=0。

(2) 若 i≤100 成立,则执行第(3)步;否则,结束。

(3) s=s+i。

(4) i=i+1,返回第(2)步。

根据算法写出源代码如下。

示例 4.1

```
public static void main(String[] args){
    int i=1,s=0;
    while (i<=100){
        s=s+i;
         i++;
```

```
    }
    System.out.println("s=%d\n",s);
}
```

任务 4.3 使用 do-while 循环结构

4.3.1 任务分析

本小节任务和 4.2.1 小节一样，解决的是 1～100 的求和问题，解题思路也是一样的，直接参考 4.2.1 小节即可。现在来学习如何利用 do-while 循环结构实现 4.2.1 小节的任务。

4.3.2 相关知识

do-while 循环属于直当型循环。直当型循环结构的特点：在执行了一次循环体后，对条件进行判断，如果条件不满足，就继续执行循环体，直到条件满足时终止循环体。直当型循环的算法流程如图 4.3 所示。

do-while 语句的一般形式如下：

```
do
    循环体
while (条件表达式);
```

do-while 循环语句的特点是：先无条件地执行循环体，然后判断循环条件是否成立。

4.3.3 任务实施

利用直当型 do-while 循环结构解决 1 累加到 100 问题的算法设计如图 4.4 所示。

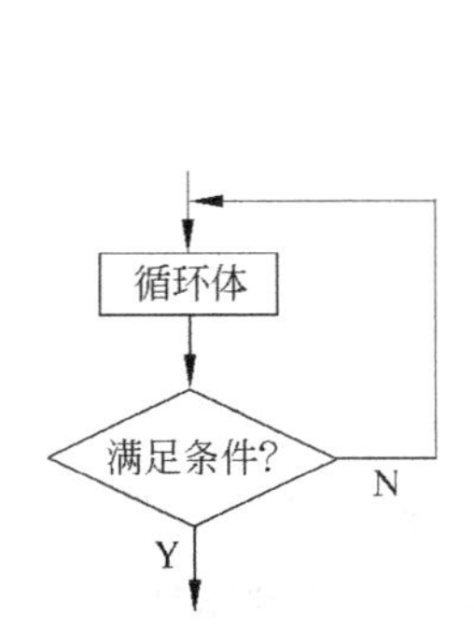

图 4.3 直当型循环的算法流程

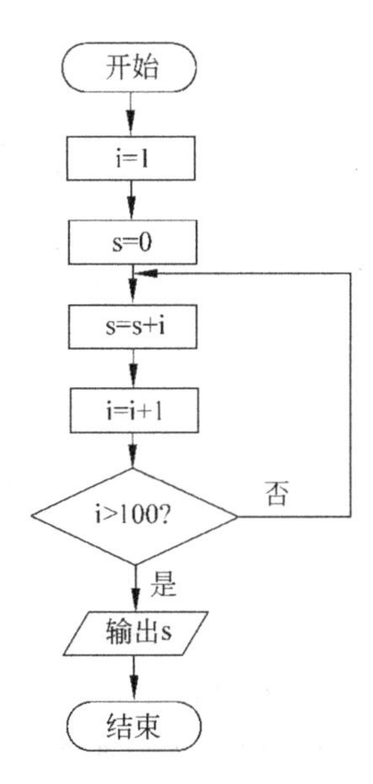

图 4.4 利用直当型循环求 1～100 的和的算法流程

步骤如下。

(1) 令 i=1,s=0。

(2) 计算 s=s+i。

(3) 计算 i=i+1。

(4) 判断 i>100 是否成立,若是,则输出 s,结束算法;否则,返回第(2)步。

根据算法写出源代码如下。

示例 4.2

```
public static void main(String[] args){
    int i=1,s=0;
     do {
        s=s+i;
        i++;
    }while(i<=100);
    System.out.println("s=%d\n",s);
}
```

4.3.4 while 和 do-while 循环的区别

while 和 do-while 循环有什么区别? 如图 4.5 所示。

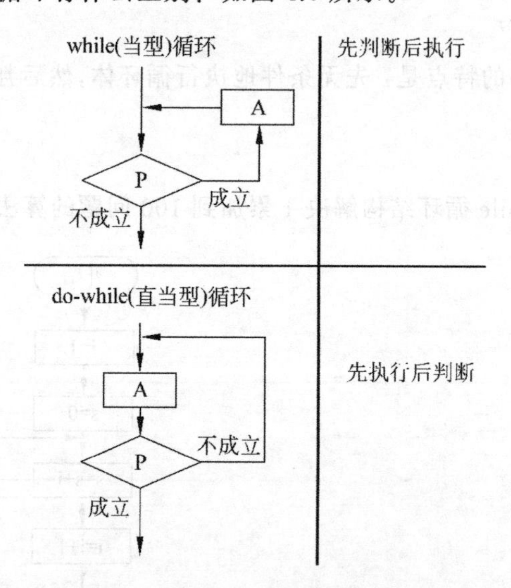

图 4.5 while 和 do-while 循环的区别

其中,A 为循环体; P 为判断条件。

while 循环的特点: 先判断条件表达式,后执行循环体语句。

do-while 循环的特点: 先无条件地执行循环体,然后判断循环条件是否成立。

所以可以知道,当 while 后面的表达式的第一次值为"真"时,两种循环得到的结果相同;否则不相同。

4.3.5 知识拓展

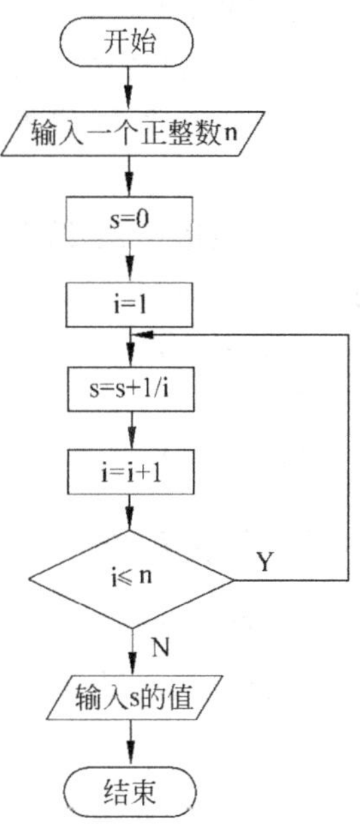

图 4.6 计算 s 的流程

设计一个算法求 $s=1+\frac{1}{2}+\frac{1}{3}+\cdots+\frac{1}{n}$ 的值，并画出程序流程图。

解题思路如下。

(1) 令 i=1。

(2) 令 s=0。

(3) 使 s+1/i 用 s 表示(s=s+1/i)。

(4) 将 i 的值增加 1，仍用 i 表示(i=i+1)。

(5) 判断 i>n 是否成立，若成立，结束算法；否则，返回第(3)步。

通过算法得出流程图，如图 4.6 所示。

请各位同学依据解题思路和流程图分别在 Eclipse 环境下写出 while 和 do-while 循环结构的解题程序。

任务 4.4 使用 for 循环结构

4.4.1 任务分析

用 for 循环编写 $s=1+2+3+\cdots+100$，即求解 $\sum_{n=1}^{100} n$。

其解题思路同任务 4.2.1 小节。

4.4.2 相关知识

for 循环结构不仅可以用于循环次数已经确定的情况，还可以用于循环次数不确定而只给出循环结束条件的情况。for 循环也属于当型循环，所以符合当型循环的特点，在每次执行循环体前对条件进行判断，当条件满足时，执行循环体；否则终止循环，如 4.2.2 小节的当型循环结构所示。

for 循环语句是 Java 语言 3 个循环语句中功能较强、使用较广泛的一个。

for 循环语句的格式如下：

```
for(表达式 1;表达式 2;表达式 3)
    循环体
```

for 循环语句执行过程如下。

(1) 先对表达式 1 赋初值。

(2) 判断表达式 2 是否满足给定条件，若其值为真，满足循环条件，则执行循环体内语句，然后执行表达式 3，进入第二次循环，再判断表达式 2；否则判断表达式 2 的值为假，不满足条件,就终止 for 循环,执行循环体外语句。

对 for 语句中的 3 个表达式作以下几点说明。

(1) 表达式 1: 设置初始条件,只执行一次,可以为 0 个、1 个或多个变量设置初值执行。

(2) 表达式 2: 循环条件表达式,用来判定是否继续循环,在每次执行循环体前先执行此表达式,决定是否继续执行循环。

(3) 表达式 3: 作为循环的调整器,例如使循环变量增值,它是在执行完循环体后才进行的。

(4) 3 个表达式中的 1 个、2 个或 3 个表达式均可以省略。

4.4.3 任务实施

for 循环结构的流程图如图 4.7 所示。

根据算法流程图写出源代码如下。

示例 4.3

```
public static void main(String[] args) {
    int i;
    for (i=1;i<=100;i++) {
        System.out.println(i);
    }
    System.out.println(i);
}
```

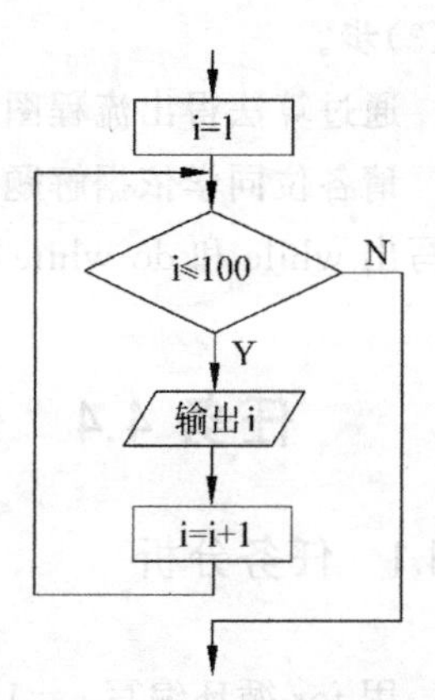

图 4.7 for 循环求 1～100 的和的算法流程

for 语句完全可以代替 while 语句。

此处如果要用 for 循环完成任务 $s=1+2+3+\cdots+100$,那么只需用

```
for(i=1;i<=100;i++){
    s=s+i;
}
```

来替换

```
i=1;
while(i<=100)
{
    s=s+i;
    i++;
}
```

就可以了。

从这个例子可以看出,用 for 语句更简单、更方便。

4.4.4 知识拓展

有了上面 for 循环的基本结构之后,下面再来看几种特殊的 for 语句。

1. for 小括号内 3 个表达式为空

例如：

```
for(;;)
System.out.println ("test");
```

在小括号内只有两个分号，无表达式，表示无限循环。这种无限循环适用于菜单选择程序。

2. 没有循环体的 for 语句

例如：

```
for(; *str==''; str++);
```

这种情况下循环体内的语句只是一个分号，这个 for 循环是指针 str 所指流中的前导空格删除。

例如：

```
for (t=0;t;)
```

此例在程序中起延时作用。

4.4.5 几种循环的比较

以上介绍了 while、do-while、for 3 种循环，下面来比较一下它们的异同。

(1) 一般情况下，3 种循环可以互相代替。

(2) 在 while 和 do-while 循环中，循环体应包含使循环趋于结束的语句；当不管条件为真还是假都需要循环体执行一次时，要采用 do-while 循环。

(3) 用 while 和 do-while 循环时，循环变量初始化的操作应在 while 和 do-while 语句之前完成，而 for 语句可以在表达式 1 中实现循环变量的初始化。

任务 4.5 使用 break 和 continue 语句

4.5.1 任务分析

接下来学习两个特别的语句：break 和 continue，利用它们来完成以下两个任务。

(1) 在全系 1000 名学生中，征集慈善募捐，当总数达到 10 万元时就结束，统计此时捐款的人数，以及平均每人捐款的数目。

(2) 要求输出 100～200 的不能被 3 整除的数。

4.5.2 相关知识

break 语句可以用来从循环体内跳出循环体，即提前结束循环，接着执行循环体下面的语句。

语法格式如下：

```
break;
```

有时并不希望终止整个循环的操作，而只希望提前结束本次循环，接着执行下次循环，这时可以用 continue 语句。

语法格式如下：

```
continue;
```

4.5.3 任务实施

(1) 在全系 1000 名学生中，征集慈善募捐，当总数达到 10 万元时就结束，统计此时捐款的人数，以及平均每人捐款的数目。

实现思路

① 变量 amount 用来存放捐款数。

② 变量 total 用来存放累加后的总捐款数。

③ 变量 aver 用来存放人均捐款数。

④ 定义符号常量 SUM 代表 100000。

根据编程思路写出参考源代码如下。

示例 4.4

```
public static void main(String[] args)
{
    float amount,aver,total;
    int i;
    double total, aver;
    for (i=1,total=0;i<=1000;i++)
    {
      System.out.println("please enter amount:");
        Scanner scanner =new Scanner(System.in);
        double amount=scanner.nextDouble();
        total=total+amount;
        if (total>=SUM) break;
    }
    aver=total/i;
    System.out.println(i);
    System.out.println(i,aver);
}
```

(2) 要求输出 100～200 的不能被 3 整除的数。

实现思路

① 对 100～200 的每一个整数进行检查。

② 如果不能被 3 整除，输出；否则不输出。

③ 无论是否输出此数，都要接着检查下一个数(直到 200 为止)。

根据实现思路画出流程图，如图 4.8 所示。

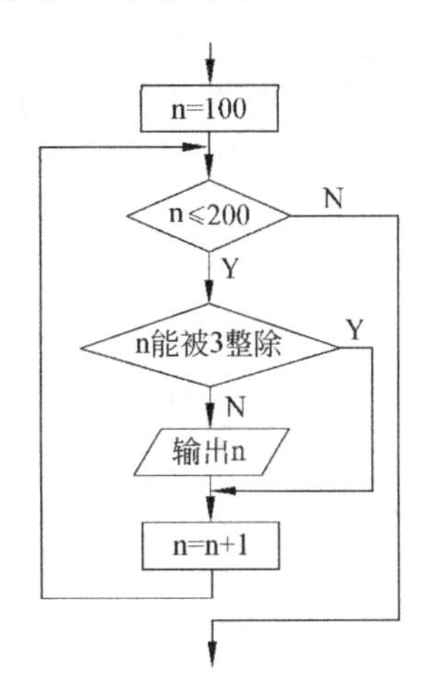

图 4.8 输出 100～200 的不能被 3 整除的数的流程

写出参考源代码片段如下。

示例 4.5

```
for(n=100;n<=200;n++){
    if (n%3==0)
      continue;
    System.out.println(n);
}
```

输出结果如图 4.9 所示。

```
100 101 103 104 106 107 109 110 112 113 115 116 118 119 121 122
124 125 127 128 130 131 133 134 136 137 139 140 142 143 145 146
148 149 151 152 154 155 157 158 160 161 163 164 166 167 169 170
172 173 175 176 178 179 181 182 184 185 187 188 190 191 193 194
196 197 199 200
```

图 4.9 运行结果

总结以上两个任务，可以看出，break 语句和 continue 语句的区别：用 break 语句提前终止循环，用 continue 语句只是提前结束本次循环。

任务 4.6 嵌 套 循 环

和其他编程语言一样，Java 允许循环嵌套。如果把一个循环放在另一个循环体内，那么就可以形成嵌套循环。嵌套循环既可以是 for 循环嵌套 while 循环，也可以是 while 循环嵌套 do-while 循环……即各种类型的循环都可以作为外层循环，也可以作为内层循环。

当程序遇到嵌套循环时，如果外层循环的循环条件允许，则开始执行外层循环的循环体，而内层循环将被当成外层循环的循环体来执行——内层循环需要反复执行自己的循环体。当内层循环执行结束，且外层循环的循环体执行结束时，则再次计算外层循环的循环条件，决定是否再次开始执行外层循环的循环体。

根据上面分析，假设外层循环的循环次数为 n 次，内层循环的循环次数为 m 次，那么内层循环的循环体实际上需要执行 $n \times m$ 次。嵌套循环的执行流程如图 4.10 所示。

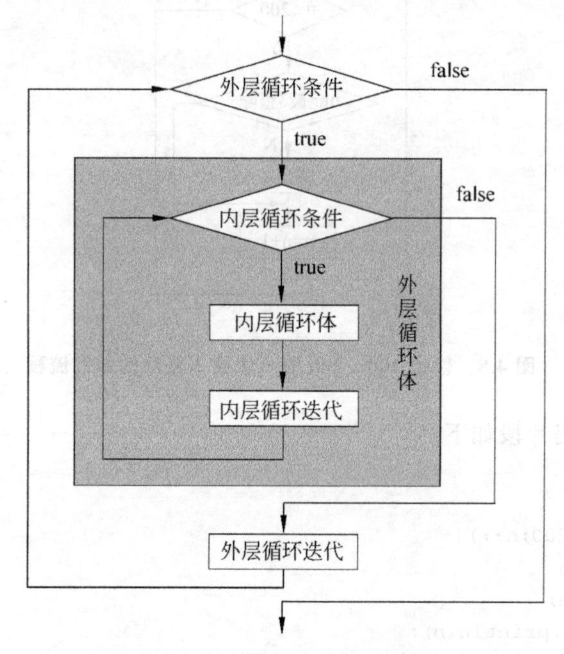

图 4.10　嵌套循环的执行流程

从图 4.10 可以看出，嵌套循环就是把内层循环当成外层循环的循环体。当只有内层循环的循环条件为 false 时，才会完全跳出内层循环，结束外层循环的当次循环，开始下一次循环。下面是一个使用嵌套循环输出九九乘法表示例。

示例 4.6

```
1.  public static void main(String[] args) {
2.      System.out.println("乘法口诀表: ");
3.      //外层循环
4.      for (int i =1; i <=9; i++) {
5.          //内层循环
6.          for (int j =1; j <=i; j++) {
7.              System.out.print(j +"*" +i +"=" +j * i +"\t");
8.          }
9.          System.out.println();
10.     }
11. }
```

运行结果如下：

```
乘法口诀表:
1*1=1
1*2=2 2*2=4
1*3=3 2*3=6 3*3=9
1*4=4 2*4=8 3*4=12 4*4=16
1*5=5 2*5=10 3*5=15 4*5=20 5*5=25
1*6=6 2*6=12 3*6=18 4*6=24 5*6=30 6*6=36
1*7=7 2*7=14 3*7=21 4*7=28 5*7=35 6*7=42 7*7=49
1*8=8 2*8=16 3*8=24 4*8=32 5*8=40 6*8=48 7*8=56 8*8=64
1*9=9 2*9=18 3*9=27 4*9=36 5*9=45 6*9=54 7*9=63 8*9=72 9*9=81
```

从上面运行结果可以看出，进入嵌套循环时，循环变量 i 开始为 1，这时即进入了外层循环。进入外层循环后，内层循环把 i 当成一个普通变量，其值为 0。在外层循环的当次循环里，内层循环就是一个普通循环。

实际上，嵌套循环不仅可以是两层嵌套，而且可以是三层嵌套、四层嵌套……不论循环如何嵌套，总可以把内层循环当成外层循环的循环体来对待，区别只是这个循环体里是否包含了需要反复执行的代码。

问题：应用嵌套循环输出由 * 号组成的直角三角形、等腰三角形和菱形。例如，直角三角形图案如图 4.11 所示。

```
*
**
***
****
*****
******
*******
********
*********
```

图 4.11　* 号组成的直角三角形图案

任务 4.7　上机练习及综合实战

上机练习 1——计算 1000 以内的奇数之和

指导——计算 1000 以内(包括 1000)的奇数之和，分别使用 while、do-while 和 for 循环结构实现。

训练要点

(1) while 循环结构。

(2) do-while 循环结构。

(3) for 循环结构。

需求说明

计算 1000 以内(包括 1000)的奇数之和。观察每一次循环中变量值的变化情况。

实现思路

(1) 声明整型变量 num 和 sum,分别表示当前加数和当前和。

(2) 循环条件:num＜＝1000。

(3) 循环操作:累加求和。

上机练习 2——录入书店会员信息

需求说明

书店为了维护会员信息,需要将其信息录入系统中,具体要求如下。

(1) 循环录入 3 位会员的信息(会员号、会员生日、会员积分)。

(2) 判断会员号码是否合法(要求为 4 位整数)。

(3) 若会员号合法,显示录入的信息,否则显示录入失败。

程序运行效果如图 4.12 所示。

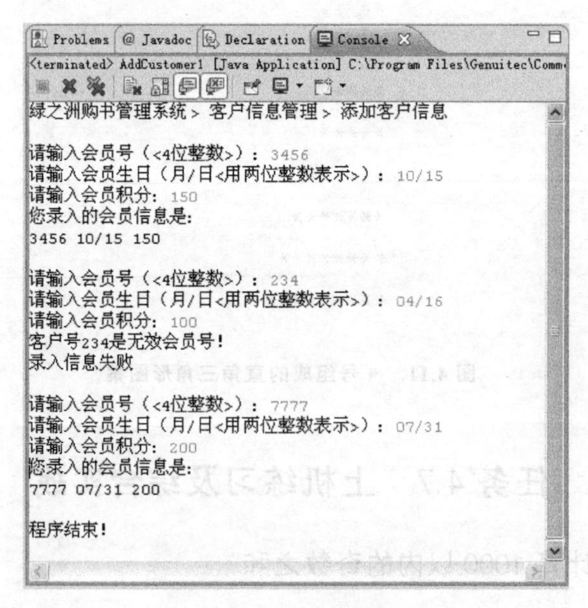

图 4.12 输出结果

实现思路

(1) 定义 3 个变量,分别记录会员号、会员生日和会员积分。

(2) 利用循环录入 3 个会员的信息。

(3) 如果会员号无效,利用 continue 实现程序跳转。

参考代码

```
import java.util.Scanner;
public class AddCustomer1 {
    /**
     * 循环录入会员信息
     */
    public static void main(String[] args) {
        System.out.println("绿之洲购书管理系统 >客户信息管理 >添加客户信息\n");
        int custNo =0;                              //会员号
        String birthday;                            //会员生日
        int points =0;                              //会员积分
        Scanner input =new Scanner(System.in);
        for(int i =0; i<3; i++){                    //循环录入会员信息
            System.out.print("请输入会员号(<4 位整数>): ");
            custNo =input.nextInt();
            System.out.print("请输入会员生日(月/日<用两位整数表示>): ");
            birthday =input.next();
            System.out.print("请输入会员积分: ");
            points =input.nextInt();
            if(custNo <1000 || custNo >9999){ //会员号无效则跳出
                System.out.println("客户号" +custNo+"是无效会员号!");
                System.out.println("录入信息失败\n");
                continue;
            }
            System.out.println("您录入的会员信息是: ");
            System.out.println(custNo+" " +birthday+" " +points+"\n");
        }
        System.out.println("程序结束!");
    }
}
```

上机练习 3——验证用户登录信息

需求说明

验证用户登录信息——用户登录绿之洲购书管理系统时需要输入用户名和密码,系统对用户输入的用户名和密码进行验证。验证次数最多 3 次,超过 3 次则程序结束。根据验证结果的不同(信息匹配、信息不匹配、3 次信息都不匹配),执行不同的操作。假设用户名为 kgy,密码为 123456,3 种情况允许结果分别如图 4.13～图 4.15 所示。

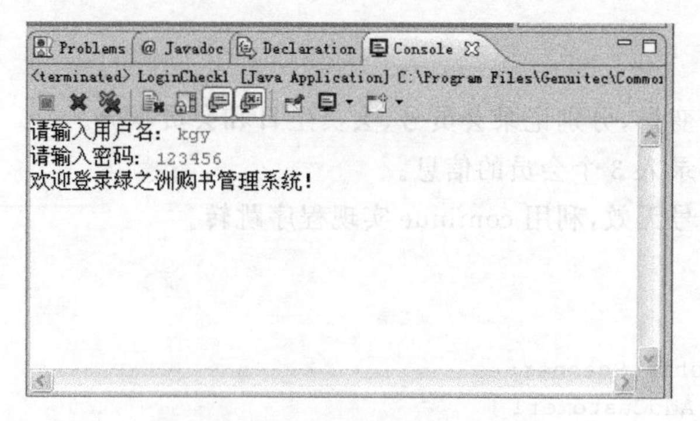

图 4.13 信息匹配时的运行结果

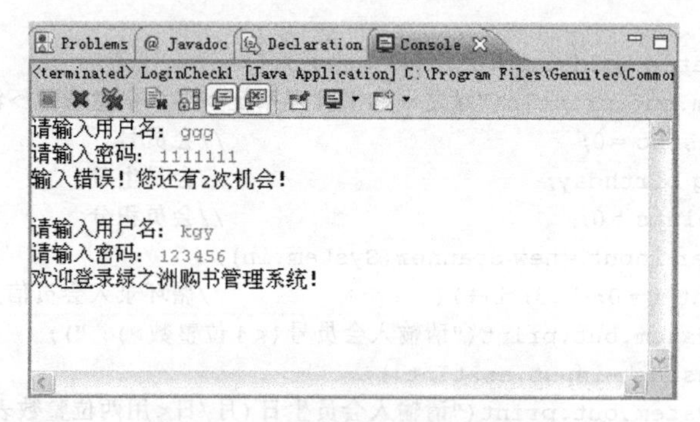

图 4.14 信息不匹配时的运行结果

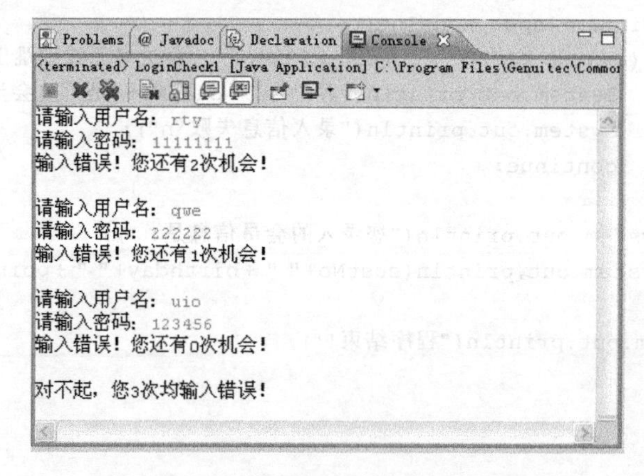

图 4.15 3 次信息都不匹配时的运行结果

单 元 小 结

(1) Java 中有 3 种类型的循环结构,分别为 while 循环结构、do-while 循环结构和 for 循环结构。

(2) 循环结构的共同点：无论哪一种循环结构，都有4个必不可少的部分：初始部分、循环条件、循环体和迭代部分，缺少任何一个部分都可能造成严重的错误。

(3) 3种循环结构的区别如下。

① 语法不同。

a. while 循环语句结构如下：

```
while(循环条件){
    循环体
}
```

b. do-while 循环语句结构如下：

```
do{
   循环体
}while(循环条件);
```

c. for 循环语句结构如下：

```
for(初始化;条件;迭代){
   循环体
}
```

② 执行顺序不同。

a. while 循环：先进行条件判断，再执行循环体。如果条件不成立，退出循环。

b. do-while 循环：先执行循环体，再进行条件判断，循环体至少执行一次。

c. for 循环：先执行初始化部分，再进行条件判断，然后执行循环体，最后进行迭代部分的计算。如果条件不成立，跳出循环。

③ 适用情况不同。

在解决问题时，对于循环次数确定的情况，通常选用 for 循环。对于循环次数不确定的情况，通常选用 while 循环和 do-while 循环。

课 后 练 习

一、选择题

1. 以下说法中正确的是(　　)。
   A. 如果 while 循环的循环条件始终为 true，则一定会出现死循环
   B. do-while 循环的循环体至少无条件执行一次
   C. while 循环的循环体至少无条件执行一次
   D. do-while 语句构成的循环不能用其他语句构成的循环来代替
2. 以下代码的输出结果是(　　)。

```
int a =0;
while(a<5){
```

```
    switch(a){
        case 0:
        case 3: a =a+2;
        case 1:
        case 2: a =a+3;
    }
    System.out.println(a);
}
```

A. 0　　　B. 5　　　C. 10　　　D. 其他

3. 下面不可以作为循环条件的是(　　)。

A. i=10　　　B. i<=5　　　C. i!=3　　　D. count==i

4. 下列关于 while 循环、do-while 循环和 for 循环的说法,错误的是(　　)。(选两项)

A. do-while 循环结束的条件是 while 后的判断语句成立

B. for 循环结构中的 3 个表达式缺一不可

C. while 循环能够实现的操作,for 循环也都能实现

D. do-while 循环没有入口条件,while 循环有入口条件

5. 以下说法正确的是(　　)。

A. continue 语句的作用是结束整个循环的执行

B. 只能在循环体内和 switch 语句体内使用 break 语句

C. 循环体内使用 break 语句或 continue 语句的作用相同

D. switch 语句体内可以出现 continue 语句

二、简答题

利用循环解决问题的一般步骤是什么?

三、编程题

1. 编写计算 1~80 中 5 的倍数的数值之和。

提示:使用"%"运算符判断 5 的倍数。

2. 输入一批整数,计算其中的最大值、最小值,输入数字-1 结束循环。

3. 输出以下 4×5 的矩阵。

```
1  2  3   4   5
2  4  6   8  10
3  6  9  12  15
4  8  12 16  20
```

单元5

数　组

Unit 5

走进一家运动器材店，会看到很多的体育运动器材，有篮球、排球、足球、羽毛球、乒乓球、高尔夫球、滑板、健身器材等。如果要为这家店做一个数据库系统，首先要建立一个类似于集合的表格，如下所示。

{篮球，排球，足球，羽毛球，乒乓球，高尔夫球，滑板，健身器材}

在程序开发中，将这种集合形式经过改装，变成了本单元要重点讲述的数组，将上述例子用数组来表示如下：

运动器材{篮球，排球，足球，羽毛球，乒乓球，高尔夫球，滑板，健身器材}

同理，要把食品店的食物用数组保存，如下所示。

食品{面包，牛奶，果冻，饮料，水果}

正如前几单元所学的整型、字符型、布尔型等数据类型，数组也是一种数据类型，只不过它是一种特殊的数据类型。

任务说明

在本单元中，将了解数组如何进行数据存储，并且结合编程实例，掌握数组的设计和操作。

完成本单元任务需要学习以下5个子任务。

任务5.1：了解数组，知道为什么需要数组以及什么是数组。

任务5.2：使用一维数组编写程序。

任务5.3：使用二维数组编写程序。

任务5.4：数组综合实例应用。

任务5.5：上机练习及综合实战。

任务5.1　了解数组

5.1.1　任务分析

学期末Java考试完毕，老师需要把全班60名同学的Java成绩存放起来，并用Java编程，计算该班同学的Java平均分。如果用前面单元所学内容，就得定义60个变量存放成绩，再进行相应的运算，非常麻烦，而且容易出错。但如果利用数组来存放数据，结合上一单元所学的循环结构，就能简洁地处理好这个问题。接下来，将学习数组的定义及相关的使用方式。

5.1.2 相关知识

1. 为什么需要数组

如果需要输入5个数，反序输出这5个数，该如何实现？

这个问题中，由于数据个数只有5个，比较少，还是比较容易实现输出的。但是如果数据规模扩大：需要输入50个数，反序输出这50个数呢？

此时，可以采用“数组”来作为存储数据的变量，可以很方便地解决此类问题。

2. 什么是数组

什么是数组呢？数组是具有相同数据类型的数据的集合，例如上述提到的运动器材集合。数组提供了一种将有联系的信息分组的便利方法。相同的数据类型，意味着数组中每个数据都是同一类型数据，或者属于基本数据类型中相同类型的数据，或者属于对象类型中相同类型的数据。在生活中，一个班级的学生、一个学校的所有人、一个汽车厂的所有汽车等，这些都可以形成一个数组。数组如果按照维数来分，可分为一维数组、二维数组、三维数组和多维数组等，每一维代表一个空间的数据。一维数组代表的就是一维空间的数据，例如，自然数从1～10表示为{1,2,3,4,5,6,7,8,9,10}。

二维数组代表的就是二维空间的数据，例如，在数学中的坐标可表示为{(1,2),(3,4),(5,6),(7,8)}。这里的每一组数据都代表了二维空间中的x和y的坐标值。

三维数组代表的就是三维空间的数据。所谓三维空间，就是指立体空间，例如，立体坐标表示为{(1,2,3),(2,3,4),(3,4,5),(4,5,6),(5,6,7)}。这里的每一组数据都代表了三维空间中的(x,y,z)轴的坐标值。

提示：因为数组是一类连续变量的集合，因此大多数情况下，数组都会和循环语句结合使用。

对与数组有关的一些基本术语解释如下。

(1) 数组的元素——指组成数组的各个成员，如上面运动器材数组中的篮球、排球、足球等；且数组中的元素类型都是相同的，如篮球、排球、足球都是球类。

(2) 数组的索引——指数组元素的下标，通过下标位置就可以访问数组中的某个元素。

(3) 数组的长度——指数组中元素的个数。

(4) 数组的名称——指定义数组时给数组起的名字，通过名字访问数组元素，如运动器材就是该数组的名称。

数组的特点如下。

(1) 连续分配的内存。

(2) 长度固定(即数组中元素的个数固定)。

(3) 数组名代表数组的首地址(也代表了整个数组)。

(4) 支持索引号,从 0 开始。数组名[index]:代表数组中的某一个元素。

(5) 任何数据类型都可以构成数组类型,因此数组既可以用来存放对象型数据,也可以用来存放基本数据类型数据。

5.1.3 任务实施

实施本小节任务的主要目的是理解数组的优点,过程中可能会遇到后面小节即将讲述的内容,暂时先不用理会。

一个班上有 10 名同学,分别是王垒、赵敏、宋江、刘户、孙洁、王浩、周杰、钱平、朱汉、马超。前面 5 名同学是男生,后面 5 名同学是女生,请用数组来表示这 10 名同学(假设数组名为 student)。

实际上,这 10 名同学可以用一维数组来表示,也可以用二维数组来表示,还可以用三维数组来表示。

使用一维数组表示:

```
String student[10]={王垒,赵敏,宋江,刘户,孙洁,王浩,周杰,钱平,朱汉,马超};
```

"某个班级的同学"是这些同学的共同点,在程序中可以称之为相同的数据类型,中括号中的数组代表的是共有几个相同数据类型的数据,而大括号内的数据就是这些数据。

使用二维数组表示:

```
student[10]={(王垒,男),(赵敏,男),(宋江,男),(刘户,男),(孙洁,男),(王浩,女),(周杰,
女),(钱平,女),(朱汉,女),(马超,女)};
```

此时,在二维数组中分别将姓名和性别作为二维数组的数据元素。

任务 5.2 使用一维数组编写程序

5.2.1 任务分析

创建一个拥有 10 个元素的整数型数组 a,并通过 a[i]=i*i 为每个数组元素赋值,最后将结果输出。

实现思路

(1) 定义一个长度为 10 的一维数组。

(2) 对该数组赋值。

(3) 利用循环输出该数组的值。

5.2.2 相关知识

1. 基本类型数组的声明

使用一个数据时,必须对其进行声明,这个道理对于数组来说也一样,数组在使用之

前也必须先声明。先看下面的代码是如何声明一个变量的。

```
int a;
```

这里,int 是指变量的数据类型为整型;a 是指变量名,由变量的声明可以联系到数组的声明。

```
int a[];
```

这里,int 是指数组中所有数据的数据类型,也可以说是这个数组的数据类型,a[]表示数组名。

基本类型数组的声明有以下两种形式。

```
int a[];
int[] a;
```

这两种形式没有区别,使用效果完全一样,读者可根据自己的编程习惯选择。

注意:如果用 int[]声明的数组,该数组中只能存放 int 或与 int 兼容的类型(如 char、byte、short)。

由此,数组声明有两种方式。

```
任何数据类型[] 数组名;
任何数据类型 数组名[];
```

例如:boolean[]、char[]、int[]、byte[]、short[]、long[]、float[]、double[]、String[]、File[]、Frame[] 等。

2. 基本类型数组的初始化

如何对基本类型的数组进行初始化呢?同样,可以先从变量的初始化开始。对变量初始化,其实就是为变量赋值,例如:

```
int a=3;
```

同样,下面是对一个数组的初始化。

```
int[] a=new int{1,2,3,4,5};
```

要用关键字 new,是因为数组本来就是一个对象类型的数据(关于对象将在后续单元中给出介绍)。

数组的长度其实就是指数组中有几个数据,举个数组长度的例子。

int[] a={1,2,3,4,5};这个数组的长度就是里面有几个数据,这个数组里有 5 个数据,说明这个数组长度是 5。

在编写程序的过程中,如果要引用数组的长度,一般通过使用 length 属性引用,在程序中使用下列格式。

```
数组名.length
```

数组本身是一段连续的内存,而声明数组后并没有为数组分配内存空间,需要通过

new 关键字来为数组分配所需要的内存。格式如下：

```
数据类型[] 数组名=new 数组类型[元素个数];
```

例如：

```
int[] a=new int[5];
```

该语句实例化了一个整型数组，并为其分配 5 个整型空间。实例化数组后，数组中的每个元素被初始化为默认值，默认值如下。

整型数组：0

浮点型数组：0.0f 或 0.0

布尔型数组：false

字符型数组：空

对象数组：null

数组初始化有以下两种方式。

方式一——动态实例化。

```
int[] a=new int[3];
a[0]=1;
a[1]=2;
a[2]=3;
```

方式二——静态实例化。

```
int[] a= new int[]{1,2,3};
```

数组的遍历：获取数组长度，调用数组属性 length，length 为只读，不能修改，即数组的长度是固定不变的，如 a.length。

```
for(int i=0;i<a.length;i++){
    System.out.println(a[i]);

}
```

5.2.3 任务实施

创建一个拥有 10 个元素的整数型数组 a，并通过 a[i]=i*i 为每个数组元素赋值，最后将结果输出。

实现思路

先作了数组声明“int[] a”，然后创建一个数组对象“a=new int[10];”，最后使用循环语句输出数组中所有数据。

数组整体是一个对象类型数据。基本类型的数组是指这个数组中数组元素的数据类型，与数组是否为对象类型数据毫无关系。

程序代码如下。

示例 5.1

```
//对 a 这个数组赋值
//将数组 a 中的所有元素输出
public class arrary1{
    public static void main(String[] args){
        int[] a;
        a=new int[10];
        int i;
        for(i=0;i<10;i++){
            System.out.println("a["+i+"]= "+(i * i));
        }
    }
}
```

运行结果如下：

```
a[0]=0
a[1]=1
a[2]=4
a[3]=9
a[4]=16
a[5]=25
a[6]=36
a[7]=49
a[8]=64
a[9]=81
```

提示：编程最重要的不是如何编写代码或使用哪种控制流程，而是编程的思路，即算法。算法决定着整个程序代码的好与坏。

5.2.4 知识拓展

问题：有两个数组 a[]、b[]，输出它们中的各个数据，并且输出它们的长度。

实现思路

(1) 初始化两个数组 a、b。
(2) 使用循环语句将两个数组内的元素输出。
(3) 使用 length 属性输出数组的长度。
根据解题思路写出源代码如下。

示例 5.2

```
public class arrary2{
    public static void main(String[] args){
        int[] a=new int[]{1,2,3,4,5};
        int[] b=new int[]{2,3,4,5,6,7,8};
            for(int i=0;i<a.length;i++){
                System.out.println("a["+i+"]="+a[i]);
```

```
        }
        for(int j=0;j<b.length;j++){
            System.out.println("b["+j+"]="+b[j]);
        }
        System.out.println("a 数组的长度是: "+a.length);
        System.out.println("b 数组的长度是: "+b.length);
    }
}
```

运行结果如下：

```
a[0]=1
a[1]=2
a[3]=3
a[3]=4
a[4]=5
b[0]=2
b[1]=3
b[2]=4
b[3]=5
b[4]=6
b[5]=7
b[6]=8
a 数组的长度是: 5
b 数组的长度是: 7
```

这个程序段主要是将两个数组中的每个数据和整个数组的长度输出。

5.2.5 常见异常

1. 数组索引号越界

```
Exception in thread "main" java.lang.ArrayIndexOutOfBoundsException: 3
    at a.d.main(d.java:23)
```

2. 数组为 null

```
Exception in thread "main" java.lang.NullPointerException
    at a.d.main(d.java:21)
```

任务 5.3 使用二维数组编写程序

5.3.1 任务分析

创建一个字符型二维数组，并根据执行结果为各元素赋值，然后输出各元素。

5.3.2 相关知识

前面提到二维数组，那么语法究竟是怎样的呢？

二维数组：是利用数组声明的数组，二维数组的元素即是一个数组。

定义：二维数组对象的每一行具有相同数量的元素个数。

要创建这样的数组对象，应使用一次构造的方式。

示例 5.3

```
double[][] thearray = new double[3][2];
```

例如数组 B 共有 3 行，每一行都有 4 个元素，是规则的，如图 5.1 所示。

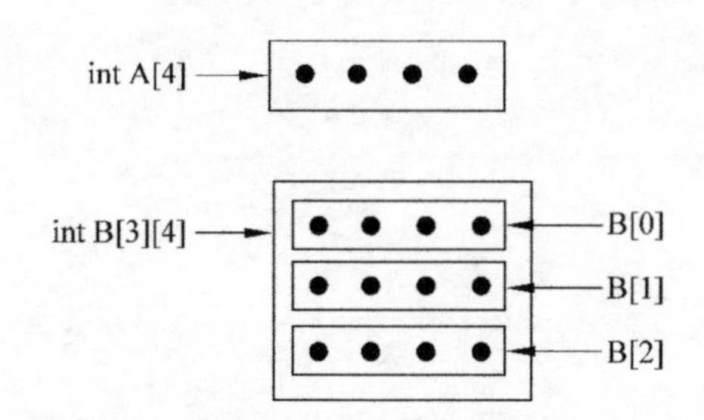
int A[4]
int B[3][4]
B[0]
B[1]
B[2]
注：在二维数组B中，每一行都可以对应一个一维数组，它们分别是：B[0]、B[1]、B[2]。

图 5.1 数组 B

二维数组声明初始化有以下两种方法。

方法一：

```
int[][] _int=new int[][]{{1,3,5},{1,3},{1,43}};        //锯齿矩阵
```

方法二：

```
int[][] _int=new int[2][2];                           //规则矩阵
_int[0][0]=1;
_int[0][1]=1;
_int[1][0]=1;
_int[1][1]=1;
```

遍历二维数组有以下两种方法。

方法一：

```
for(int i=0;i<_int.length;i++){
    for(int j=0;j<_int[i].length;j++){
        System.out.print(_int[i][j]);
    }
    System.out.println();
}
```

方法二：

```
for(int i: _int){
    for(int j: i){
```

```
            System.out.println(j);
        }
        System.out.println();
    }
```

注意：二维数组必须指定第一维长度，而第二维长度可动态指定，赋值方式如下。

```
double[][] buffer=new double[4][];
buffer[0]=new double[2];
buffer[1]=new double[3];
buffer[2]=new double[2];
buffer[3]=new double[1];
```

5.3.3 任务实施

针对二维数组，先看看下面的有关二维数组的例子：创建一个字符型二维数组，并根据执行结果为各元素赋值，然后输出各元素。

针对该问题的解题思路如下。

(1) 使用两个数组分别代表空间中的 x 轴和 y 轴。

(2) 通过循环语句将对应的每一个坐标上的元素输出。

实现任务的代码如下。

示例 5.4

```
public class arrary5 {
  public static void main(String[] args)
  {
    char[][] a;
    a=new char[4][10];
    a[0]=new char[10];
    a[1]=new char[10];
    a[2]=new char[10];
    a[3]=new char[10];
    a[i][j+1]=(a[i][j]);
    a[0][0]=65;
    a[1][0]=67;
    a[2][0]=69;
    a[3][0]=71;
    for(int i=0;i<a.length;i++){
        for(int j=0;j<a[i].length;j++){
            System.out.print(a[i][j]);
        }
        System.out.println();
    }
  }
}
```

运行结果如下：

```
71
ABCDEFGHIJ
CDEFGHIJKL
EFGHIJKLMN
GHIJKLMNOP
```

上面的程序段只是操作二维数组中的元素而已，所以只要牢牢地记住数组的基本概念，其他的问题就可以迎刃而解。

5.3.4 知识拓展

1. 基本数据类型和引用数据类型

在本单元的整个学习过程中，可以发现数组这种类型跟最初学习的基本数据类型还是有很大区别，在 Java 中，把 int、double、char 和 boolean 类型的数据叫作基本数据类型；把 String 类型和数组类型叫作引用数据类型。具体详细的区别，读者可以去查找一些相关资料。

2. 数组的相关方法

(1) 数组的复制

```
System.arrayCopy(Object src, int srcPos, Object dest, int destPos, int length)
```

参数说明：src 为原数组；srcPos 为原开始索引；dest 为目标数组；destPos 为目标开始索引；length 为复制长度。

示例 5.5

```
public class ArrayCopyDemo{
    public static void main(String[] args){
      //定义原字符数组
      char[] copyFrom={'z','h','o', 'n','g',
                        'k','e','t','i','a','n','b','o'};
      char[] copyTo =new char[7];
      System.arrayCopy(copyFrom, 2, copyTo, 0, 7);
      System.out.println(new String(copyTo));
    }
}
```

程序输出结果如下：

```
ongketi
```

(2) 一维数组的排序

一维数组的排序可利用 java.util.Arrays.sort()方法实现，下面是一维数组排序的代码片段。

示例 5.6

```
int[] point ={3,5,2,1,7,9,8,64};
```

```
java.util.Arrays.sort(point);
for(int i =0; i<point.length; i++){
    System.out.println(point[i]);
}
```

程序输出结果如下：

```
1 2 3 5 7 8 9 64
```

(3) 命令行参数

① 定义：命令行参数是指 Java 程序入口函数的参数，此参数是在运行 Java 程序时由命令行传入的。

② 参数类型：必须是字符串数组类型。

③ 格式如下：

```
public static void main(String[] args)
```

以下代码实现对两个数求和，这两个数是通过命令行传入的，在命令行的运行命令及输出结果如下。

示例 5.7

```
public class Test{
    public static void main(String[] args){
        int a =Integer.parseInt(args[0]);
        int b =Integer.parseInt(args[1]);
        int total =a+b;
        System.out.println("Total is "+total);
    }
}
```

程序输出结果如下：

```
D:\JavaPro\java Test 22 33
Total is 55
```

任务 5.4 数组综合实例应用

5.4.1 任务分析

设计一个程序，有两个整型数组：a[]和 b[]。a 数组中有 5 个元素，b 数组中有 5 个元素。现在要求：

(1) 分别输出两个数组中的各个元素及长度。

(2) 有一个数组 c，它的元素是 a 数组和 b 数组中一一对应的元素的乘积，并且输出其长度。

(3) 有一个数组 d，它的元素是前面 3 个数组中一一对应的元素满足的表达式：a[i] * c[i]－b[i]。

5.4.2 任务实施

分析与编写：要输出各个元素及长度。这个程序在前面也遇到过，具体程序段如下所示。

示例 5.8

```
public class arrary6{
    public static void main(String[] args){
        int[] a=new int[]{2,4,6,8,10};
        for(int i=0;i<a.length;i++){
            System.out.println("a["+i+"]="+a[i]);
        }
        System.out.println("数组 a 的长度是: "+a.length);
    }
}
```

运行结果如下：

```
a[0]=2
a[1]=4
a[2]=6
a[3]=8
a[4]=10
数组 a 的长度是: 5
```

输出另一个数组的程序代码如下。

示例 5.9

```
public class arrary7{
    public static void main(String[] args){
        int[] b=new int[]{1,3,5,7,9};
        for(int i=0;i<b.length;i++){
            System.out.println("b["+i+"]="+b[i]);
        }
        72
        System.out.println("数组 b 的长度是: "+b.length);
    }
}
```

运行结果如下：

```
b[0]=1
b[1]=3
b[2]=5
b[3]=7
b[4]=9
数组 b 的长度是: 5
```

在第二个要求里，必须创建一个新的数组 c，接着再操作前两个数组的元素。程序段如下。

示例 5.10

```
public class arrary8{
    public static void main(String[] args){
        int[] a=new int[]{2,4,6,8,10};
        int[] b=new int[]{1,3,5,7,9};
        for(int i=0;i<b.length;i++){
            System.out.println("c["+i+"]="+(b[i] * a[i]));
        }
        System.out.println("数组 c 的长度是: "+c.length);
    }
}
```

运行结果如下：

```
c[0]=2
c[1]=12
c[2]=30
c[3]=56
c[4]=90
数组 c 的长度是: 5
```

这个程序是一个数组内部各个对应元素的操作，这个操作在前面已经举过例子，此处不再详细描述。

第三个要求比起前两个，稍微复杂了点，但是可以通过分析来编写程序段，先看下面的程序，然后再来分析。

示例 5.11

```
public class arrary9{
    public static void main(String[] args){
        int[] a=new int[]{2,4,6,8,10};
        int[] b=new int[]{1,3,5,7,9};
        for(int i=0;i<b.length;i++){
            System.out.println("d["+i+"]="+(a[i] * a[i] * b[i]-b[i]));
        }
    }
}
```

运行结果如下：

```
d[0]=3
d[1]=45
d[2]=175
d[3]=441
d[4]=891
```

整个程序段其实与上一个程序段相似，只不过表达式比上一例稍微复杂。

上面 3 个程序段其实可以用一个程序段来表示，这就涉及面向对象编程的一个理念，代码如下所示。

示例 5.12

```
public class arrary10{
    int[] a=new int[]{2,4,6,8,10};
    int[] b=new int[]{1,3,5,7,9};
    public static void main(String[] args){
        arrary10 w=new arrary10();
        w.print1();
        w.print2();
        w.print3();
        w.print4();
    }
    void print1(){
        for(int i=0;i<b.length;i++){
            System.out.println("b["+i+"]="+b[i]);
        }
        System.out.println("数组 b 的长度是: "+b.length);
    }
    void print2(){
        for(int i=0;i<a.length;i++){
            System.out.println("a["+i+"]="+a[i]);
        }
        System.out.println("数组 a 的长度是: "+a.length);
    }
    void print3(){
        for(int i=0;i<b.length;i++){
            System.out.println("c["+i+"]="+(b[i]*a[i]));
        }
        System.out.println("数组 c 的长度是: "+b.length);
    }
    void print4(){
        for(int i=0;i<b.length;i++){
            System.out.println("d["+i+"]="+(a[i]*a[i]*b[i]-b[i]));
        }
        System.out.println("数组 d 的长度是: "+b.length);
    }
}
```

解释整个综合实例的程序段：每个功能使用一个方法来实现，在主运行函数内，利用创建新对象，再使用对象的方法来引用功能函数。这样，整个程序看起来就很清晰、明了，并且功能模块很独立。不会因为修改一处而导致全部代码修改，这也正是后续单元中所述面向对象程序开发的一个最大优势。

5.4.3 知识拓展

在编写有关数组方面的程序时，主要是操作数组中的元素。而在实际的程序开发中，不可能像前面举的例子一样简单。在实际开发工作中，要涉及的不只是基本类型的数组，绝大多数情况下会遇到数组中元素的数据类型是对象类型。至于对象类型的使用，其实同基本类型的数组一样，只不过是数据类型不同而已。

5.4.4 常见疑难解答

(1) 声明数组需要注意什么？

答：声明数组时，一定要考虑数组的最大容量，防止容量不够的现象出现。数组一旦被声明，它的容量就固定了，不容改变。如果想在运行程序时改变容量，就需要用到数组列表。

数组列表不属于本书的内容，在数据结构部分会详细讲述。

(2) 数组在平时的程序代码中使用是否频繁？

答：其实数组有一个缺点，就是一旦声明，就不能改变容量，这个也是其使用频率不高的原因。一般存储数据会使用数组。

(3) 冒泡排序的原理是什么？

在冒泡排序的过程中，不断地比较数组中相邻的两个元素，较小者向上浮，较大者往下沉，整个过程和水中气泡上升的原理相似。

第一步，从第一个元素开始，将相邻的两个元素依次进行比较。如果前一个元素比后一个元素大，则交换它们的位置。

第二步，除了最后一个元素，将剩余的元素继续进行两两比较，过程与第一步相似。

第三步，以此类推，持续对越来越少的元素重复上面的步骤，直到没有任何一对元素需要比较为止。图 5.2 给出具体例子来展示冒泡排序的过程。

初始关键字:	26	53	48	11	13	48	32	15
第1趟:	26	48	11	13	48	32	15	**53**
第2趟:	26	11	13	48	32	15	48	**53**
第3趟:	11	13	26	32	15	**48**	48	**53**
第4趟:	11	13	26	15	**32**	**48**	48	**53**
第5趟:	11	13	15	**26**	**32**	48	48	**53**
第6趟:	11	13	**15**	**26**	32	48	48	**53**
第7趟:	11	**13**	**15**	**26**	32	48	48	**53**

图 5.2 冒泡排序

任务 5.5 上机练习及综合实战

上机练习 1——实现两个数组相乘

指导——有两个数组 a[]、b[]，将两个数组中的数据一一对应相乘，得出数组 c，输出数组 c 和数组的长度。

训练要点

(1) 一维数组。

(2) 学习如何操作数组内各个元素。

需求说明

编程实现：两个数组中的数据一一对应相乘，得出数组 c，输出数组 c 和 3 个数组的长度。

实现思路

(1) 初始化两个数组 a、b。

(2) 将两个数组中对应的元素相乘得出第三个数组的元素。

(3) 输出 3 个数组的长度。

上机练习 2——通过循环语句实现数组相乘

指导——有两个数组 a[]、b[]。将两个数组中的数据一一对应相乘，得出数组 c，输出数组 c 和数组的长度。

训练要点

(1) 一维数组。

(2) 学习如何操作两个数组内各个元素。

需求说明

编程实现：两个数组中的数据一一对应相乘，得出数组 c，输出数组 c 和数组的长度。

实现思路

通过一个循环语句将数组中所有的元素输出。

上机练习 3——打印杨辉三角形

使用二维数组在屏幕上打印输出如下的杨辉三角形。

```
        1
       1 1
      1 2 1
     1 3 3 1
    1 4 6 4 1
```

训练要点

(1) 二维数组。

(2) 学习如何操作二维数组内各个元素。

参考代码 1

```
//输出直角杨辉三角形
public class YangHui {
  public static void main(String[] args) {
    /**
     * 6行 6列的杨辉三角
     */
    int row = 6;                                      //行数
    int[][] yanghui = new int[row][row];              //6行 6列数组
    for (int i = 0; i < row; i++) {                   //行
      for(int j = 0;j<=i;j++) {                       //列
        if (j==0 || j==i) {
          yanghui[i][j]=1;
        }else{
          yanghui[i][j]=yanghui[i-1][j-1]+yanghui[i-1][j];
        }
        System.out.print(yanghui[i][j]+" ");
      }
      System.out.println();
    }
  }
}
```

```
Console
<terminated> YangHui [Java Application] D:\softwa
1
1 1
1 2 1
1 3 3 1
1 4 6 4 1
1 5 10 10 5 1
```

图 5.3 直角杨辉三角形

输出结果如图 5.3 所示。

参考代码 2

```
//输出等腰杨辉三角形
public class YangHui1{
    public static void main(String[] args){
        int row = 6;                                  //行数
        int[][] yanghui = new int[row][row];          //6行 6列数组
        for (int i = 0; i < row; i++){
            int num = row - i;
            for(int j = 0;j<=num;j++){
                System.out.print(" ");
            }
            for(int j=0;j<=i;j++){
                if (j==0 || j==i){
                    yanghui[i][j]=1;
                }else{
```

```
                    yanghui[i][j]=yanghui[i-1][j-1]+yanghui[i-1][j];
                }
                System.out.print(yanghui[i][j]+" ");
            }
            System.out.println();
        }
    }
}
```

输出结果如图 5.4 所示。

```
Console
<terminated> YangHui1 [Java Application] C:\User
     1
    1 1
   1 2 1
  1 3 3 1
 1 4 6 4 1
1 5 10 10 5 1
```

图 5.4 等腰杨辉三角形

思考：该题目用一维数组也可实现，可以在后续方法章节中结合一维数组解决本练习(本部分代码选做)。

参考代码 3

```
import java.util.Scanner;
public class YangHui1 {
    public static void value(int n) {
        int i=1;
        int triggle[] =new int[n];
        for(i=0;i<n;i++) {
            triggle[i]=1;                          //末尾元素一直为 1
            for (int j=i-1;j>0;j--){
                triggle[j]=triggle[j-1]+triggle[j];
            }
            for(int k=n-i-1;k>0;k--) {             //打印空格
                System.out.print(" ");
            }
            for (int j=0;j<=i;j++) {               //输出该行的一维数组
                System.out.print(triggle[j]+" ");
            }
            System.out.println();
        }
    }
    public static void main(String[] args){
```

```
            System.out.println("请输入杨辉三角的行数");
            Scanner sca=new Scanner(System.in);
            int n=sca.nextInt();
            value(n);
        }
    }
```

上机练习 4——录入 Java 考试成绩并排序

需求说明

从键盘上循环录入 5 位同学的 Java 成绩，对成绩按从高到低的顺序排序输出，并输出最高分。

实现思路

从键盘上录入多个成绩，可用循环结合数组的结构解决；对数组元素进行排序，当然可用传统的冒泡法排序，但此处可以采用拿来主义，用 Java 提供的 Arrays 类，该类有个 sort()方法就是专门用来对数组元素进行排序的，具体语法格式如下：

```
Arrays.sort(数组名);
```

此处关于类和方法大家也暂时不用深究，在后续单元中会进行详述，这里只需会用该排序方法就可以了。

参考代码

```
import java.util.Arrays;
import java.util.Scanner;
public class ScoreSort {
    public static void main(String[] args) {
        int[] scores =new int[5];      //成绩数组
        Scanner input =new Scanner(System.in);
        System.out.println("请输入 5 位学员的成绩: ");
        //循环录入学员成绩
        for(int i =0; i <scores.length; i++){
            scores[i] =input.nextInt();
        }
        Arrays.sort(scores);          //对数组进行升序排序
        System.out.print("学员成绩按升序排列: ");
        //利用循环输出学员成绩
        for(int i =0; i <scores.length; i++){
            System.out.print(scores[i] +" ");
        }
    }
}
```

注意：关于此处求最高分(也即求最大的问题)的功能，请读者在上述代码的基础上进一步编程实现。在本练习基础上,也可以推而广之到接收60位甚至更多同学的成绩并实现排序和求最值。

上机练习5——更新会员积分

训练要点

引用数据类型和复制数组。

需求说明

使用数组存放5位书店会员的积分,在第二年初始,要把原有积分数据进行备份,然后再进行新一年的积分累加。作为新年贺礼,每位会员会获得100积分。编写程序输出5位会员的积分情况,运行结果如图5.5所示。

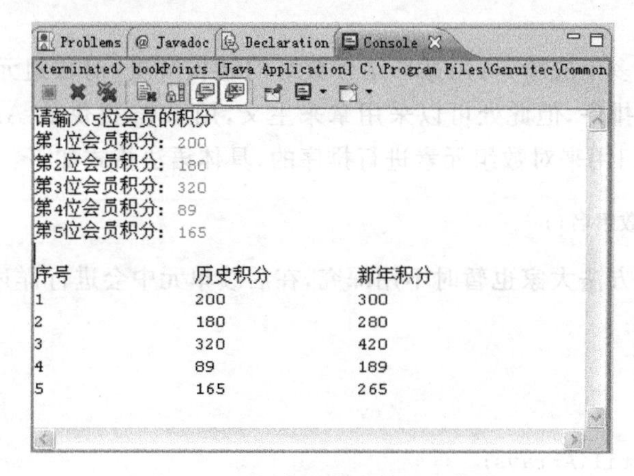

图5.5 更新会员积分的运行结果

实现思路

(1) 创建两个数组,用于保存两个年度的积分。
(2) 循环将历史积分复制到新年积分数组中,并每人赠送100积分。
(3) 利用循环输出两个年度的积分。

参考代码

```
public class bookPoints {
    /**
     * 更新绿之洲会员积分
     */
    public static void main(String[] args) {
        int[] points =new int[5];              //历史积分数组
        int[] newPoints =new int[5];           //新年积分数组
        System.out.println("请输入5位会员的积分");
        Scanner input =new Scanner(System.in);
```

```
        for(int i =0; i <points.length; i++){
            System.out.print("第" +(i+1)+"位会员积分: ");
            points[i] =input.nextInt();
        }
        //数组复制
        for(int i =0; i <points.length; i++){
            newPoints[i] =points[i];
            newPoints[i] =newPoints[i] +100;     //赠送 100 积分
        }
        //循环输出两个年度的积分
        System.out.println("\n序号\t\t历史积分\t\t新年积分");
        for(int i =0; i <points.length; i++){
            System.out.println((i+1) +"\t\t" +points[i]+"\t\t" +newPoints
            [i]);
        }
    }
}
```

单 元 小 结

(1) 数组是可以在内存中连续存储多个元素的结构,数组中的所有元素都必须属于相同的数据类型。

(2) 数组的元素通过数组的下标进行访问,数组的下标从 0 起始。

(3) 数组可以用循环动态初始化,数组中的元素也可以用循环动态输出。

(4) int、double、char、boolean 类型是基本数据类型。

(5) String 和数组属于引用数据类型。

(6) Arrays.sort(数组名)可实现对数组元素进行排序。

课 后 练 习

一、选择题

1. 定义一个数组 String[] cities={"北京","上海","纽约","华盛顿","中国香港","中国澳门"},数组中的 cities[5]指的是(　　)。

A. 北京　　B. 中国香港　　C. 中国澳门　　D. 数组越界

2. 下列数组的初始化正确的是(　　)。(选两项)

A. int score={1,2,3,4,5};

B. int[] score=new int[5];

C. int[] score=new int[5]{1,2,3,4,5};

D. int score[]=new int[]{1,2,3,4,5};

3. 下面代码的运行结果是(　　)。

```
public class Test{
    public static void main (String [] args) {
        double [] price =new double [5];
        price [0] =98.10;
        price [1] =32.18;
        price [2] =77.74;
        for (int i =0; i<5; i++) {
            system.out.print ((int) price[i] +" ");
        }
    }
}
```

A. 98　32　77　0　0　　　B. 98　32　78　0　0

C. 98　32　78　　　D. 编译错误

4. 阅读下面代码,它完成的功能是(　　)。

```
string [] a ={ "我们","你们","小河边","我们","读书" };
for (int =0; i<a .length; i++) {
    if (a[i].equals ("我们")){
        a[i] ="他们";
    }
}
```

A. 查找　　B. 查找并替换　　C. 增加　　D. 删除

5. 下面代码的运行结果是(　　)。

```
public class Test{
    public static void main (String [] args) {
        int [] a =new int [3];
        int [] b =new int [] {1,2,3,4,5};
        a =b;
        for (int i=0; i<b .length; i++) {
            system.out.print (a [i]+" ");
        }
    }
}
```

A. 程序报错　　　B. 1　2　3

C. 1　2　3　4　5　　　D. 0　0　0

二、编程题

1. 给定任意一维数组,计算数组中的平均值、最大值、最小值。

2. 输入 5 个数,反序输出这 5 个数。

提示:可以利用冒泡法排序。所谓冒泡法排序,就是指待排序的数据,会像气泡一样,小的数据冒上来,大的数据沉下去。具体方法为输入 5 个数,按照从小到大的顺序排序后输出这 5 个数。比如:

输入 3、2、9、1、7

输出 1、2、3、7、9

排序算法是最基本的应用之一，冒泡法排序是所有排序算法中的基本算法，因此需要认真理解，并熟练掌握。

3.（选做题）旅馆里有100个房间，从1～100编了号，初始时这100个门都是关着的。第一个服务员把所有的房间门都打开了，第二个服务员把所有编号是2的倍数的房间做"相反处理"，第三个服务员把所有编号是3的倍数的房间做"相反处理"……以后每个服务员都是如此。问第100个服务员做完"相反处理"后，哪几扇门是打开的？所谓"相反处理"，是指原来开着的门关上，原来关着的门打开。

提示：可以用100个boolean数组来表示这1～100个门的状态，首先开始前，这100个门的状态赋初值false。然后采用循环语句，让服务员从1～100逐个进行操作，对于每个服务员的操作，让1～100的门也进行循环，如果门的编号是服务员编号的倍数，则这个门的状态做"相反处理"。因此需要两层循环，外层循环作为服务员的编号的循环，内层循环则是门的编号的循环。

4. 定义一个一维数组存储10位学生的名字；定义一个二维数组存储这10位学生的6门课（C语言程序设计、物理、英语、高等数学、体育、政治）的成绩。

程序应具有下列功能：按名字查询某位同学的成绩。

单元 6

类和对象

Unit 6

通过前面的学习，大家可以使用 Java 语言编写面向过程的程序，这些程序规模较小，如果要解决一个很大的问题，代码数量多，程序逻辑又很复杂，使用面向过程的方式编写就很难实现了，即便实现了，也很难维护。因此，在下面的内容中，将学习另一种编程方式——面向对象编程。Java 作为一种面向对象的编程语言，非常成熟，也很强大。学习 Java，主要就是要掌握它的面向对象的编程思想和编程方法。学习面向对象要循序渐进，逐渐理解，下面开始学习 Java 面向对象的基础知识吧。

任务说明

在本单元中，将开发 Java 面向对象程序，用程序来描述现实世界中的种种对象。通过开发这个项目，将了解 Java 语言面向对象的特点和编码方式，掌握如何创建类和对象。

完成本单元任务需要学习以下 4 个子任务。

任务 6.1：认识对象——通过现实世界对象的特点来分析程序中的对象特点。

任务 6.2：认识类——以现实世界的对象为原型，创建 Java 中的类。

任务 6.3：类和对象的关系——以类为模板，创建 Java 的对象。

任务 6.4：上机练习及综合实战——使用创建的对象完成相应的任务。

任务 6.1 认识对象

6.1.1 任务分析

世界是由什么组成的？物理学家会说世界是由分子、原子组成的，画家会说世界是由不同颜色组成的，生物学家会说世界是由生物和非生物组成的，天体学家会说世界是由物质和反物质组成的，分类学家会说世界是由不同类别事物组成的，不同的人有不同的答案。

其实这个问题有点抽象，物以类聚，所以可以说世界是由不同类别的事物构成的，世界由动物、植物、物品、人和名胜组成。动物可以分为脊椎动物和无脊椎动物。脊椎动物又分为哺乳类、鱼类、爬行类、鸟类和两栖类。爬行类又分为有足类和无足类……当提到某一个分类时，就可以找到属于该分类的一个具体的事物。比如乌龟属于爬行类中的有足类，眼镜蛇属于爬行类中的无足类。当提到这些具体的动物时，会在脑海里浮现出它们的形象。这些现实世界中客观存在的事物就称为对象。在Java的世界中，一切都是对象(见图6.1)。

图6.1 一切皆对象

作为面向对象的程序员，要站在分类学家的角度思考问题。根据要解决的问题，将事物进行分类。

为什么面向对象的编程会在软件开发领域造成如此震撼的影响?

面向对象编程(Object-Oreinted Programming，OOP)具有多方面的吸引力。对管理人员来说，它实现了更快和更廉价的开发与维护过程。对分析与设计人员来说，建模处理变得更加简单，能生成清晰、易于维护的设计方案。对程序员来说，对象模型显得如此高雅和浅显。此外，面向对象工具以及库的巨大威力使编程成为一项更使人愉悦的任务。每个人都可从中获益，至少表面如此。如果说它有缺点，那就是掌握它需要付出的代价。思考对象的时候，需要采用形象思维，而不是程序化的思维——这是学习面向对象编程的关键。

6.1.2 相关知识

1. 身边的对象

现实世界中客观存在的任何事物都可以被看作对象。它可以是有形的，也可以是无形的，如一辆汽车、一项计划。

Java是面向对象的编程语言，因此要学会用面向对象的思想考虑问题和编写程序。在面向对象中，对象是用来描述客观事物的一个实体。用面向对象的方法解决问题时，首先要求对现实世界中的对象进行分析与归纳，找出身边的对象。

所有编程语言的最终目的都是提供一种“抽象”方法。一种较有争议的说法是：解决问题的复杂程度直接取决于抽象的种类及质量。这里的“种类”是指准备对什么进行“抽象”。汇编语言是对基础机器的少量抽象。后来的许多“命令式”语言(如FORTRAN、BASIC和C)是对汇编语言的一种抽象。与汇编语言相比，这些语言已有了长足的进步，但它们的抽象原理依然要求程序员着重考虑计算机的结构,而非考虑问题本身的结构。在机器模型(位于“方案空间”)与实际解决的问题模型(位于“问题空间”)之间,程序员必须建立起一种联系。这个过程要求人们付出较大的精力,而且由于它脱离了编程语言本身的范围,造成程序代码很难编写,而且要花较大的代价进行维护。由此造成的副作用便是一门完善的“编程方法”学科。

为机器建模的另一个方法是为要解决的问题制作模型。对一些早期语言来说,如LISP和APL,它们的做法是“从不同的角度观察世界”——“所有问题都归纳为列表”或“所有问题都归纳为算法”。PROLOG则将所有问题都归纳为决策链。对于这些语言,可以认为它们一部分是面向基于“强制”的编程,另一部分则是专为处理图形符号设计的。每种方法都有自己特殊的用途,适合解决某一类的问题。但只要超出了它们力所能及的范围,这种方法就会显得非常笨拙。

面向对象的程序设计在此基础上则跨出了一大步,程序员可利用一些工具表达问题空间内的元素。由于这种表达非常普遍,所以不必受限于特定类型的问题。这里将问题空间中的元素以及它们在方案空间的表示物称为“对象”(Object)。通过添加新的对象类型,程序可进行灵活的调整,以便与特定的问题配合。所以,在阅读方案的描述代码时会读到对问题进行表达的话语,这无疑是一种更加灵活、更加强大的语言抽象方法。总之,OOP允许程序员根据问题来描述问题,而不是根据方案。然而,仍有一个联系途径回到计算机。每个对象都类似一台小计算机;它们有自己的状态,而且可要求它们进行特定的操作。与现实世界的“对象”或者“物体”相比,编程“对象”与它们也存在共通的地方:它们都有自己的特征和行为。

2. 对象的属性和方法

正因为对象拥有了这些静态特征和动态行为才使得它们与众不同。在面向对象的编程思想中,把对象的静态特征和动态行为分别称为对象的属性和方法,它们是构成对象的两个主要因素。其中属性是用来描述对象静态特征的一个数据项,该数据项的值即为属性值。

在编程中,对象的属性被存储在一些变量里,如可以将“姓名”存储在一个字符串类型变量中,将“员工号”存储在一个整型变量中。对象的行为则通过定义方法来实现,如“收款”“打印账单”都可以定义为一个方法。

3. 封装

封装就是把一个事物包装起来,并尽可能地隐藏内部细节。如图6.2所示,图中展示一辆自行车,自行车在未组装前是一堆零散的部件,如车圈、车架、车把等,仅仅这些部件是不能使用的。当把这些部件组装完成后,才具有骑行的功能。显然,这辆自行车是一个对象,而零件就是对象的属性,对象的属性和方法是相辅相成、不可分割的,它们共同组成了实体对象。因此,对象具有封装性。

图 6.2 自行车和零件

任务6.2 认 识 类

6.2.1 任务分析

类实际上是定义一个模板,而对象是由这个模板产生的一个实例。实际上前面的程序也是在类中实现的,不过全在类中的 main()方法中演示程序的使用,没有体现面向对象编程的思想。这一节主要讲解 Java 类的相关知识,包括类的形式、类包含的内容、属性和方法。

现实世界中有张三、李四、王五等"人"。因此,一个人只是人类中的一个实例。又如,"法拉利跑车"是一个对象,但现实世界中还有奔驰、保时捷、凯迪拉克等车。因此,"法拉利跑车"只是这一类别中的一个实例。不论哪种车,都有一些共同的属性,如品牌、颜色等,也有一些共同的行为,如发动、加速、刹车等,这里将这些共同的属性和行为组织到一个单元中,就得到了类。

6.2.2 相关知识

如果说一切东西都是对象,那么用什么决定一个"类"(class)的外观与行为呢?换句话说,是什么建立起了一个对象的"类型"(type)呢?大家可能猜想有一个名为"type"的关键字。在这个关键字的后面，应该跟随新数据类型的名称。例如：

```
class ATypeName
```

这样就引入了一种新类型，接下来便可用 new 创建这种类型的一个新对象：

```
ATypeName a=new ATypeName();
```

在 ATypeName 里，类主体只由一条注释构成（星号和斜杠以及其中的内容，本单元后面还会详细讲述），所以并不能对它做太多的事情。事实上，除非为其定义了某些方法，否则根本不能指示它做任何事情。

Java 的重要思想是万物皆对象，也就是说在 Java 中把所有现实中的一切人和物都看作对象，而类就是它们的一般形式。程序编写就是抽象出这些事物的共同点，用程序语言的形式表达出来。

例如，可以把某个人看作一个对象，那么就可以把人作为一个类抽象出来，这个人就可以作为人这个类的一个对象。定义类的一般形式如下：

```
class 类名{
    类型 实例变量名;
    类型 实例变量名;
    ...
    类型 方法名(参数){
      //方法内容
    }
    ...
}
```

需要注意的是，在类名之前并没有像以前那样加上修饰符 public，在 Java 中是允许把许多类的声明放在一个程序中的，但是这些类只能有一个类被声明为 public，而且这个类名必须和 Java 文件名相同。这里主要讲解 Java 的一般形式，只使用类的最简单形式，便于读者理解。关于修饰符这里先做简单的说明。

private：只有本类可见。

protected：本类、子类、同一包的类可见。

默认(无修饰符)：本类、同一包的类可见。

public：对任何类可见。类的一些描述性的属性，如“人”这个类中的姓名、性别、年龄、住址这些内容，可以看作类的字段。

定义一个类时，可在自己的类里设置两种类型的元素：数据成员（有时也叫“字段”）以及成员函数（通常叫“方法”）。其中，数据成员是一种对象，可以为任何类型。它也可以是主类型之一。如果是指向对象的一个句柄，则必须初始化那个句柄，用一种名为“构建器”的特殊函数将其与一个实际对象连接起来。但若是一种主类型，则可在类定义位置直接初始化。

6.2.3 任务实施

人的一般属性包括姓名、性别、年龄、住址等，他的行为可以有工作、吃饭等内容。这样“人”这个类就可以有以下定义。

```
class Human {
  //声明各类变量来描述类的属性
  String name;
  String sex;
  int age;
  String addr;
  void work(){
    System.out.println("我在工作");
  }
  void eat(){
    System.out.println("我在吃饭");
  }
}
```

每个对象都为自己的数据成员保有存储空间;数据成员不会在对象之间共享。下面是定义了一些数据成员的类示例。

```
class DataOnly {
  int i;
  float f;
  boolean b;
}
```

这个类并没有做任何实质性的事情,但可创建一个对象。

```
DataOnly d=new DataOnly();
```

可将值赋给数据成员,但首先必须知道如何引用一个对象的成员。为达到引用对象成员的目的,首先要写上对象句柄的名字,然后跟随一个点号,再跟随对象内部成员的名字,即“对象句柄.成员”。例如:

```
d.i =47;
d.f =1.1f;
d.b =false;
```

一个对象也可能包含了另一个对象,而另一个对象里则包含了想修改的数据。对于这个问题,只需保持“连接句点”即可。例如:

```
myPlane.leftTank.capacity=100;
```

任务6.3 类和对象的关系

6.3.1 任务分析

了解了类和对象的概念,你会发现它们之间既有区别又有联系,例如,图6.3所示为模具制作冰激凌的过程。

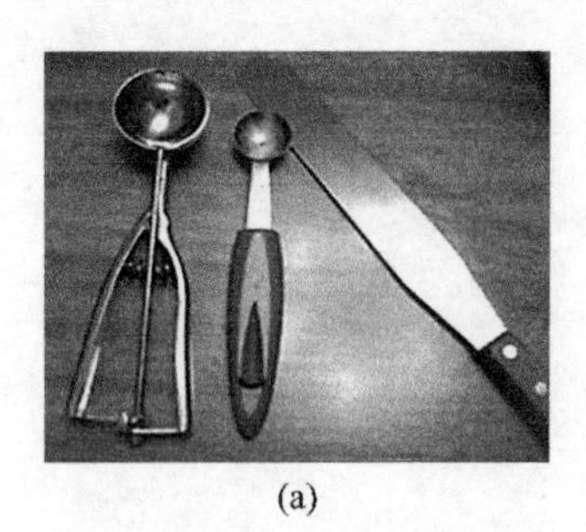
(a)

(b)

图 6.3 模具制作冰激凌

制作球状冰激凌的模具是类，它定义了以下信息。

(1) 球的半径。

(2) 冰激凌的口味。

使用这个模具制作出来的不同大小和口味的冰激凌是对象。在Java面向对象编程中，就用这个模型创建一个实例，即创建类的一个对象。

因此，类与对象的关系就如同模具和用这个模具制作出的物品之间的关系。一个类为它的全部对象给出了一个统一的定义，而它的每个对象则是符合这种规定的一个实体。因此类和对象的关系就是抽象和具体的关系。类是多个对象进行综合抽象的结果，是实体对象的概念模型，而一个对象是一个类的实例。

6.3.2 相关知识

现实世界中，有一个个具体的"实体"。以超市为例，在超市中有很多顾客，张三、李四、王五等，而顾客这个角色就是大脑中的概念世界中形成的抽象概念。当需要把顾客这一个抽象概念定义到计算机中时，就形成了计算机世界中的类，也就是上面内容所讲的类。而用类创建的一个实体就是对象，它和现实世界中的实体是一一对应的。

到目前为止，已经学习了很多数据类型，如int、double、char等。这些都是Java语言已经定义好的类型，编程时只需用这些类型声明的变量即可。

那么，如果想描述顾客，它的数据类型是什么呢？是字符串还是字符？其实都不是，一个顾客的类型就是顾客，也就是说，类就是对象的类型。

事实上，定义类就是定义一个自己的数据类型，如顾客类、人类、动物类等。

在面向对象程序设计中，类是程序的基本单元。Java是完全面向对象的语言，所有程序都是以类为组织单元的。每个程序的框架外层的作用都是定义了一个类。

6.3.3 知识拓展

面向对象的优势有以下几方面。

(1) 与人的思维习惯一致：面向对象的思维方式是从人类考虑问题的角度出发，把人类解决问题的思维过程转变为程序能够理解的过程。面向对象程序设计能够让程序员使用类来模拟现实世界中的抽象概念，用对象来模拟现实世界中的实体，从而用计算机解决现实问题。

(2) 信息隐藏,提高了程序的可维护性和安全性：封装实现了模块化和信息隐藏,即将类的属性和行为封装在类中,这保证了对它们的修改不会影响到其他对象,有利于维护。同时,封装使得对象外部不能随便访问对象的属性和方法,避免了外部错误对对象的影响,提高了安全性。

(3) 提高了程序的可重用性：一个类可以创建多个对象实例,增加了重用性。

任务6.4 上机练习及综合实战

上机练习1——定义管理员类

训练要点

(1) 定义类的属性。

(2) 定义类的方法。

需求说明

编写管理员类(属性：姓名、密码;方法：show(),显示管理员信息)。

实现思路

(1) 定义管理员类Administrator。

(2) 定义其属性和方法。

参考代码

```
public class Administrator {
    String name;          //姓名
    String password;      //密码
    //显示信息方法
    public void show(){
        System.out.println("姓名: " +name +",密码: " +password);
    }
}
```

上机练习2——定义客户类

训练要点

(1) 定义类的属性。

(2) 定义类的方法。

需求说明

编写客户类(属性：积分、卡类型;方法：show(),显示客户信息)。

实现思路

(1) 定义客户类 Customer。
(2) 定义其属性和方法。

上机练习 3——创建管理员类对象

训练要点

(1) 使用类创建对象。
(2) 引用对象的属性和方法。

需求说明

创建两个管理员类对象,输出他们的相关信息,如图 6.4 所示。

上机练习 4——更改管理员密码

训练要点

(1) 使用类创建对象。
(2) while 循环。

需求说明

(1) 输入旧的用户名和密码,如果正确,才有权限更新。
(2) 从键盘获取新的密码,进行更新,如图 6.5 所示。

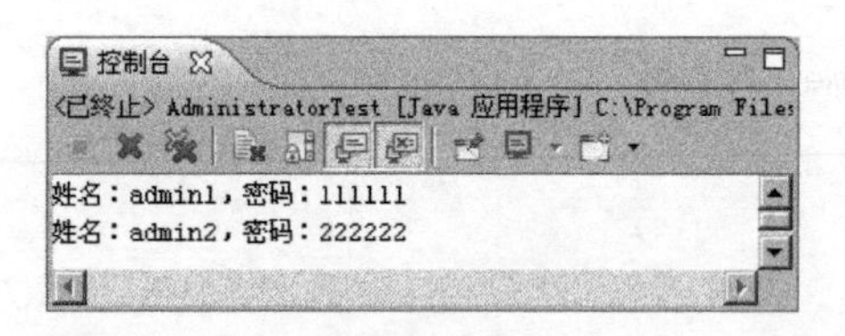

图 6.4 管理员类输出

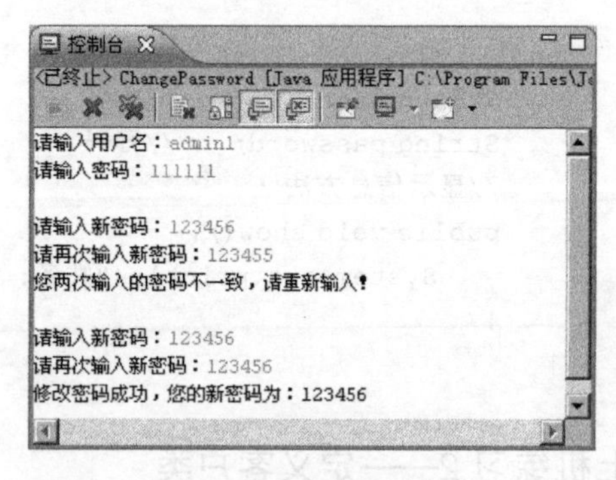

图 6.5 更改管理员密码

实现思路

(1) 创建管理员类对象。
(2) 利用 while 实现循环执行。

参考代码

```
public class ChangePassword {
    /**
     * 更改管理员密码
     */
    public static void main(String[] args) {
        String nameInput;      //保存用户输入的用户名
        String pwd;            //保存用户输入的密码
        String pwdConfirm;     //保存用户再次输入的密码
        Scanner input =new Scanner(System.in);
        Administrator admin =new Administrator();     //创建管理员对象
        admin.name ="admin1";                          //给 name 属性赋值
        admin.password ="111111";                      //给 password 属性赋值
        //输入旧的用户名和密码
        System.out.print("请输入用户名: ");
        nameInput =input.next();
        System.out.print("请输入密码: ");
        pwd =input.next();
        //判断用户输入的用户名和密码是否正确
        if(admin.name.equals(nameInput) && admin.password.equals(pwd)){
            System.out.print("\n 请输入新密码: ");
            pwd =input.next();
            System.out.print("请再次输入新密码: ");
            pwdConfirm =input.next();
            while(!pwd.equals(pwdConfirm)){
                System.out.println("您两次输入的密码不一致,请重新输入!");
                System.out.print("\n 请输入新密码: ");
                pwd =input.next();
                System.out.print("请再次输入新密码: ");
                pwdConfirm =input.next();
            }
            System.out.println("修改密码成功,您的新密码为: " +pwd);
        }else{
            System.out.print("用户名和密码不匹配!您没有权限更新管理员信息。");
        }
    }
}
```

上机练习 5——客户积分回馈

需求说明

(1) 实现积分回馈功能,金卡客户积分大于 1000 分或普卡客户积分大于 5000 分,获得回馈积分 500 分。

(2) 创建客户对象,输出他得到的回馈积分,如图 6.6 所示。

图 6.6 客户积分回馈

单元小结

(1) 类和对象的概念与关系：类是抽象的，对象是具体的，对象是类的实例。

(2) 对象是用来描述客观事物的一个实体，由一组属性和方法组成。

(3) 类是具有相同属性和方法的一组对象的集合。

(4) 对象的属性和方法被封装在类中。

(5) 面向对象设计的优点如下。

① 与人类看世界的方法和思维习惯一致。

② 具有封装性，提高了程序的安全性和可维护性。

③ 提高了程序的可重用性。

(6) 使用类和对象的方法和步骤如下。

① 定义类。

② 创建类的对象。

③ 使用类的属性和方法。

(7) 建立面向对象(OOP)的编程思维与编程习惯。

课后练习

一、选择题

1. (　　)是拥有属性和方法的实体。(选两项)

A. 对象　　B. 类　　C. 方法　　D. 类的实例

2. 对象的静态特征在类中表示为变量，称为类的(　　)。

A. 对象　　B. 属性　　C. 方法　　D. 数据类型

3. 假设 Bus 类包含的属性有：颜色(color)、型号(type)、品牌(brand)。现在要在 main()方法中创建 Bus 类的对象，下面的代码中，正确的是(　　)。

A. Bus myBus ＝new Bus;
myBus color＝"black";

B. Bus myBus ＝new Bus();
myBus.brand＝"Benzs";

C. Bus myBus;
myBus.color＝"black";

D. Bus myBus ＝new Bus();
color＝"black";

4. 下面关于类和对象的说法中,错误的是(   )。
   A. 类是对象的类型,它封装了数据和操作
   B. 类是对象的集合,对象是类的实例
   C. 一个类的对象只有一个
   D. 一个对象必须属于某个类
5. 下列(   )属于引用数据类型。(选两项)
   A. String   B. char
   C. 用户自定义的 Student 类   D. int

二、简答题

1. 简述类和对象的定义,以及二者之间的关系。

2. 编写一个计算器类(Calculator),可以实现两个整数的加、减、乘、除运算,并写出实现的思路。

3. 假设当前的时间是 2013 年 10 月 1 日 10 点 10 分 10 秒,编写一个 CurrentTime 类,设置属性为该时间,定义 show()方法显示该时间。

提示:定义属性 CurrentTime,其值为表示当前日期的字符串,在 show()方法中输出 CurrentTime 值。

4. 根据第 3 题,将当前的时间变为 2013 年 12 月 25 日 10 点 10 分 20 秒,编写一个 Demo 类,改变 CurrentTime 类中设定的时间,并打印输出。

提示:基本操作过程如下。

(1) 编写 Demo 类框架。

(2) 在 Demo 类中编写程序的入口方法 main()方法。

(3) 创建 CurrentTime 类的一个对象。

(4) 给属性赋一个新值。

(5) 调用对象的 show()方法输出当前时间。

5. 使用类的方式描述计算机。

提示:计算机的各部件可以作为类的属性,toString()方法用于显示输出计算机相关配置信息。计算机的主要部件包括 CPU、主板、显示器、硬盘、内存等。

单元 7

Java 方法的使用

Unit 7

在单元 6 中，学习了类和对象，掌握了如何定义类和创建对象，但是对于对象来说，最重要的是它可以做什么事情，或者说有哪些功能，例如，一个人能做饭、开车、工作等，一辆汽车有发动和停止等功能，而这些是由对象的行为决定的，对象的行为在类中定义为方法。本单元将学习如何定义和使用方法（分为无参方法和带参方法），以及方法重载、方法重写的使用。

任务说明

在本单元中，将使用 Java 面向对象的方式编写程序，并使用方法来定义类的行为。

完成本单元任务需要学习以下 6 个子任务。

任务 7.1：无参方法——没有参数的最简单的方法。

任务 7.2：变量的作用域——成员变量和局部变量。

任务 7.3：带参方法——有参数的方法。

任务 7.4：方法重载——一个类中的同名方法。

任务 7.5：方法重写——两个类继承关系的类中的同名方法。

任务 7.6：上机练习及综合实战。

任务 7.1　无 参 方 法

7.1.1　任务分析

类是由一组具有属性和方法（共同行为）的实体抽象而来的。对象执行的操作是通过编写类的方法实现的。显而易见，类的方法是一个功能模块，其作用是“做一件事情”。那么如何定义一个类并使用它呢？

7.1.2　相关知识

1. 无参方法

类的方法必须包括以下 3 个部分。

(1) 方法的名称。

(2) 方法的返回值。

(3) 方法的主体。

定义无参方法的语法如下：

```
public 返回值类型 方法名() {
    //方法的主体
}
```

通常，编写方法时，分成两步完成。

第一步：定义方法名和返回值。

第二步：在{}中编写方法主体。

2. 编写方法的注意事项

(1) 方法体(即方法主体)放在一对大括号中。方法体就是一段程序代码，完成一定的工作。

(2) 方法名称主要是在调用这个方法时使用，在 Java 中一般采用骆驼命名法。

(3) 方法执行后可能会返回一个结果，该结果的类型称为返回值类型。使用 return 语句返回。

3. 方法调用

定义了方法就要拿来用，在程序中通过使用方法名称来执行方法中包含的语句，这一过程称为方法调用。

Java 中类是程序的基本单元。每个对象需要完成特定的应用程序功能。当需要某一对象执行一项特定操作时，通过调用该对象的方法来实现。另外，在类中，类的不同成员方法之间也可以相互调用。

7.1.3 任务实施

假设小明过生日，爸爸送给他一个电动狮子玩具，编写程序测试这个狮子能否正常工作(能跑、会叫、显示颜色)。

现在要模拟玩电动狮子的过程。按动控制狮子叫的按钮，它就会发出叫声；按动控制狮子跑的按钮，狮子就会跑。因此，根据需求需要定义两个类：电动狮子类(AutoLion)和测试狮子类(TestLion)。其中，TestLion 类中定义程序入口(main()方法)，检测跑和叫的功能是否可以正常运行。

示例 7.1 下面是电动狮子类的代码。

```
public class AutoLion {
    String color ="黄色";      //颜色
    /*
     * 跑
     */
```

```
    public void run() {
        System.out.println("正在以 0.1 米/秒的速度向前奔跑.");
    }
    /*
     * 叫
     */
    public String bark() {
        String sound = "大声吼叫";
        return sound;
    }
    /*
     * 获得颜色
     */
    public String getColor() {
        return color;
    }
    /*
     * 显示狮子特性
     */
    public String showLion() {
         return "这是一个" +getColor() +"的玩具狮子!";
        //另一种方式
        //return "这是一个" +color +"的玩具狮子!";
    }
}
```

下面是测试狮子类的代码。

```
public class TestLion {
    public static void main(String[] args) {
        AutoLion lion =new AutoLion();              //创建 AutoLion 对象
        System.out.println(lion.showLion()); //调用方法显示类信息
        lion.run();                                  //调用跑方法
        System.out.println(lion.bark());     //调用叫方法
    }
}
```

在示例中可以看到,类中的成员方法相对独立地完成了某个应用程序功能,它们之间可以相互调用,调用时仅仅使用成员方法的名称。例如本例中,getColor()方法的功能是获得狮子的颜色,在 showLion()方法中可以直接调用。

凡涉及类的方法调用,均使用以下两种形式。

(1) 同一个类中的方法,直接使用方法名调用方法。

(2) 不同类的方法,首先创建对象,再使用"对象名.方法名"来调用。

7.1.4 定义方法时的常见错误分析

错误 1：方法的返回类型为 void，方法中不能有 return 返回值。如下例：

```
public class Student{
    public void showInfo(){
        return "我是一名学生";
    }
}
```

错误 2：方法不能返回多个值。如下例：

```
public class Student{
    public double getInfo(){
        double weight=95.5;
        double height=1.69;
        return weight, height;
    }
}
```

错误 3：多个方法不能相互嵌套定义。如下例：

```
public class Student{
    public String showInfo(){
        return "我是一名学生";
        public double getInfo(){
            double weight=95.5;
            double height=1.69;
            return weight;
        }
    }
}
```

应该改为如下程序：

```
public class Student{
    public String showInfo(){
        return "我是一名学生";
    }
    public double getInfo(){
        double weight=95.5;
        double height=1.69;
        return weight;
    }
}
```

错误 4：不能在方法外部直接写程序逻辑代码。如下例：

```
public class Student{
    int age=20;
    if(age<20){
```

```
        System.out.println("年龄不符合入学要求!");
    }
    public void showInfo(){
        return "我是一名学生";
    }
}
```

任务 7.2 变量的作用域

7.2.1 任务分析

在日常生活中我们经常会碰到这样一些情况：去一些美术馆和博物馆我们可以免费参观,但有些却得付费。

上网下载资料有些能免费下载,但有些因为不是会员不能下载。

还有,如果是免费的游泳池我们可以使用,但若想使用李嘉诚家的游泳池我们是没有权限的。

由此可知,一些资源可以使用,但一些资源不在权限范围内就不能使用。对于 Java 中的变量也是如此,有的变量可以使用,但有些变量不在范围内就不可以使用。下面我们就来探讨一下 Java 中的成员变量和局部变量。

7.2.2 相关知识

成员变量和局部变量。

Java 中以类来组织程序,类中可以定义变量和方法;同样,在类的方法中也可以定义变量。那么,在这两个不同的位置定义的变量有什么不同呢?

我们对照图 7.1 进行描述。

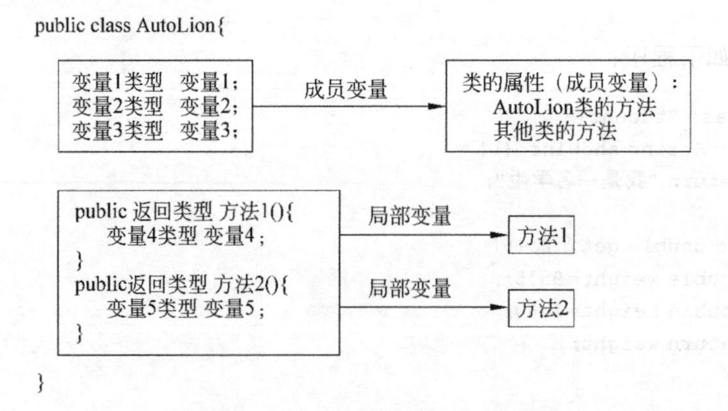

图 7.1 成员变量和局部变量示意图

在类中定义的变量称为类的成员变量,如图 7.1 中的变量 1、变量 2 和变量 3。在方法中定义的变量称为局部变量,如图 7.1 中的变量 4 和变量 5。在使用时,成员变量和方法的局部变量具有不同的使用权限。具体以图 7.1 进行说明。

成员变量：AutoLion 类的方法可以直接使用该类定义的成员变量。如果其他类的方法要访问它，必须先创建该类的对象，然后才能通过点操作符来引用。

局部变量：它的作用域仅仅在定义该变量的方法内，因此只有在这个方法中能够使用，出了这个方法体，这个变量就失效了。

总之，在使用成员变量和局部变量时我们要注意以下几点事项。

(1) 作用域不同：局部变量的作用域仅限于定义它的方法，在该方法外无法访问。成员变量的作用域在整个类内部都是可见的，所有成员方法都可以使用，如果访问权限允许，还可以在类外部使用成员变量。

(2) 初始值不同：对于成员变量来说，如果在类中没有给它赋初值，Java 会给它一个默认值，基本数据类型的值为 0，引用类型的值为 null。但是 Java 不会给局部变量赋初始值，因此局部变量必须要定义赋值后再使用。

(3) 在同一个方法中，不允许有同名的局部变量。在不同的方法中，可以有同名的局部变量。

(4) 局部变量可以和成员变量同名，并且在使用时，局部变量具有更高的优先级。

7.2.3　任务实施

关于变量的分类还有如下区分。

类变量(也叫静态变量)是类中独立于方法之外的变量，用 static 修饰。static 表示“全局的”“静态的”，用来修饰成员变量和成员方法，或静态代码块(静态代码块独立于类成员，JVM 加载类时会执行静态代码块，每个代码块只执行一次，按顺序执行)。

成员变量(也叫“实例变量”“域”)也是类中独立于方法之外的变量，不过没用 static 修饰。

局部变量是类的方法中的变量。

示例 7.2　看下面的伪代码说明。

```
public class Variable{
    static int allClicks=0;     //类变量
    String str="hello world";   //实例变量
    public void method(){
        int i =0;               //局部变量
    }
}
```

成员变量在实体类或数据类中被称为“属性”或“字段”。当成员变量可以改变时，被称为对象的状态。

当然，在编程过程中，我们经常会因为不小心使用了无权使用的变量而造成一些编译错误，下面我们就通过一些示例来引起警示。

示例 7.3　误用局部变量。

```
public class Test {
```

```
    int score1=68;
    int score2=99;
        public void calcAvg(){
            int avg=(score1+score2)/2;
        }
        public void showAvg(){
            System.out.println("平均分是："+avg);
        }
}
```

如果我们编写一个 main()方法来调用 Test 类的 showAvg()方法，会发现编译器会报出“无法解析 avg”的提示，为什么会发生这样的错误呢？因为我们在方法 showAvg()中使用了在方法 calcAvg()中定义的变量 avg，这就超出了 avg 的作用域了。

解决这个问题的处理方法是：如果要用在方法 clacAvg()中获得的 avg 结果，可以编写带有返回值的方法，然后从方法 showAvg()中调用这个方法，而不是直接使用在这个方法中定义的变量。

示例 7.4 局部变量错误使用案例。

```
public class v1{
    public static void main(String[] args){
        for(int i=0;i<=6;i++){
            i+=2;
        }
        System.out.println(i);
    }
}
```

此时程序运行也会出现错误，就是“无法解析 i”，因为在此处 i 是 for 循环内部的局部变量，到了 for 循环体外后，编译器则无法识别变量 i。

任务 7.3 带参方法

7.3.1 任务分析

类的方法是一个功能模块，其作用是“做一件事情”，实现某个独立功能，可供多个地方使用。现实生活中的榨汁机提供榨汁功能，放进苹果，榨出苹果汁，放进草莓，榨出草莓汁，如果放进苹果和草莓，则榨出苹果草莓汁，什么都不放就不能榨汁。因此，使用榨汁机必须提供榨汁水果。又如，在 ATM 机上取钱时，要先输入密码，然后输入金额，ATM 机才会吐出纸币。某些方法功能的实现依赖于提供给它的作用体，这时候再定义方法就需要在括号中加入参数列表。

7.3.2 相关知识

1. 带参方法的一般格式

```
<访问修饰符>返回值类型 <方法名>(<参数列表>) {
```

```
    //方法的主体
}
```

其中,<访问修饰符>指的是该方法允许被访问调用的权限范围,只能是 public、protected 或 private。其中 public 访问修饰符表示该方法可以被任何其他代码调用。

返回值类型指的是方法返回值的类型。如果方法不返回任何值,它应声明为 void 类型。Java 对待返回值的要求很严格,方法返回值必须与所说明的类型相匹配。使用 return 关键字返回值。

<方法名>是定义的方法的名字,它必须使用合法的标识符。

<参数列表>是传送给方法的参数列表。列表中各参数以逗号分隔,每个参数由一个类型和一个标示符名组成。参数列表的格式为"数据类型 参数 1,数据类型 参数 2,…,数据类型 参数 n"。

2. 方法调用

调用带参方法与调用无参方法的语法相同,但是在调用带参方法时必须传入实际的参数。

在定义和调用方法时,把参数分别称为形式参数和实际参数,简称为形参和实参。形参是在定义方法时对参数的称呼,用来定义方法需要传入的参数个数和类型。实参是在调用方法时传递给方法处理的实际值。

7.3.3 任务实施

定义一个学生信息管理类 StudentsBiz,包含学生姓名数组的属性、增加学生姓名的方法。定义方法 addName(String name)实现学生姓名的增加,这里有一个参数 name。

示例 7.5

```
public class StudentsBiz {
    String[] names =new String[30];   //学员姓名数组
    /**
     * 示例:增加学生姓名
     * @param name 要增加的姓名
     */
    public void addName(String name){
        for(int i =0;i<names.length;i++){
            if(names[i]==null){
                names[i]=name;
                break;
            }
        }
    }
    /**
     * 显示本班的学生姓名
     */
    public void showNames(){
```

```
            System.out.println("本班学生列表: ");
            for(int i =0;i<names.length;i++){
                if(names[i]!=null){
                    System.out.print(names[i]+"\t");
                }
            }
            System.out.println();
        }
    }
```

测试类:

```
public class TestAdd {
    public static void main(String[] args) {
        StudentsBiz st =new StudentsBiz();
        Scanner input =new Scanner(System.in);
        for(int i=0;i<5;i++){
            System.out.print("请输入学生姓名: ");
            String newName =input.next();
            st.addName(newName);
        }
        st.showNames();
    }
}
```

任务 7.4 方法重载

7.4.1 任务分析

方法命名有时不可避免地要重复,比如命名类型转换的方法 toString(),将任意类型转换成 String,这时将采用不同的参数,但是方法名相同,其他程序调用这些方法的时候就以参数类型来区分调用的是哪个方法,这就是方法重载。

7.4.2 相关知识

在同一个 Java 类中支持有两个或多个同名的方法,但是它们的参数个数和类型必须有差别。这种情况就是方法重载(overloading)。方法重载对访问修饰符和返回值类型没有要求。

当调用这些同名的方法时,Java 根据参数类型和参数的数目来确定到底调用哪一个方法,注意返回值类型并不起到区别方法的作用。下面是方法重载的示例程序。

7.4.3 任务实施

示例 7.6

```
public class OverloadDemo{
```

```
    //定义一系列的方法,这些方法的参数是不同的,通过参数来区别调用的方法
    void method(){
        System.out.println("无参数方法被调用");
    }
    void method(int a){
        System.out.println("参数为 int 类型被调用");
    }
    void method(double d){
        System.out.println("参数为 double 方法被调用");
    }
    void method(String s){
        System.out.println("参数为 String 方法被调用");
    }
    public static void main(String args[]){
        OverloadDemo ov=new OverloadDemo();
        //使用不同的参数调用方法
        ov.method();
        ov.method(4);
        ov.method(4.5D);
        ov.method("a String");
    }
}
```

程序的运行结果如下：

```
无参数方法被调用
参数为 int 类型被调用
参数为 double 方法被调用
参数为 String 方法被调用
```

当参数类型并不能完全匹配时,Java 的自动类型转换会起作用,示例如下。

示例 7.7

```
public class OverloadDemo2{
    void method(){
        System.out.println("无参数方法被调用");
    }
    void method(double d){
        System.out.println("参数为 double 方法被调用");
    }
    void method(String s){
        System.out.println("参数为 String 方法被调用");
    }
    public static void main(String args[]){
        OverloadDemo2 ov=new OverloadDemo2();
        ov.method();
        ov.method(4);
        ov.method(4.5D);
        ov.method("a String");
    }
```

```
}
```

程序跟 OverloadDemo 基本相同，只是去掉了参数为 int 类型的方法，程序的运行结果如下：

```
无参数方法被调用
参数为 double 方法被调用
参数为 double 方法被调用
参数为 String 方法被调用
```

当调用 method(4)的时候找不到 method(int)，Java 就找到了最为相似的方法 method(double)。这种情况只有在没有精确匹配时才发生。

任务7.5 方法重写

7.5.1 任务分析

当类之间存在继承关系时，子类便继承了父类的方法，但是子类如果跟父类完全一样也就没有意义了，所以子类通常会对父类进行扩展，如果子类想要扩展父类方法的功能，则需要对继承的一些方法进行重新编写，这时就要用到方法重写。

7.5.2 相关知识

1. 继承

就其本身来说，对象的概念可带来极大的便利。它在概念上允许将各式各样的数据和功能封装到一起，这样便可恰当地表达“问题空间”的概念，不用刻意遵照基础机器的表达方式。在程序设计语言中，这些概念则反映为具体的数据类型(使用 class 关键字)。

费尽心思做出一种数据类型后，假如不得不又新建一种类型，令其实现大致相同的功能，那会是一件非常令人灰心的事情。但若能利用现成的数据类型，对其进行“克隆”，再根据情况进行添加和修改，情况就显得理想多了。“继承”正是针对这个目标而设计的。但继承并不完全等价于克隆。在继承过程中，若原始类(正式名称叫作基础类、超类或父类)发生了变化，修改过的“克隆”类(正式名称叫作继承类或者子类)也会反映出这种变化。在 Java 语言中，继承是通过 extends 关键字实现的。

使用继承时，相当于创建了一个新类。这个新类不仅包含了现有类型的所有成员(尽管 private 成员被隐藏起来，且不能访问)，更重要的是，它复制了基础类的接口。也就是说，可向基础类的对象发送的所有消息也可原样发送给衍生类的对象。根据可以发送的消息，就能知道类的类型。这意味着衍生类具有与基础类相同的类型。为了真正理解面向对象程序设计的含义，首先必须认识到这种类型的等价关系。

对象接收到一条特定的消息后，必须有一个“方法”能够执行。若只是简单地继承一个类，并不做其他任何事情，来自基础类接口的方法就会直接照搬到衍生类。这意味着衍生类的对象不仅有相同的类型，也有同样的行为，这一后果通常是程序员不愿见到的。

继承与Java非常紧密地结合在一起。创建一个类时肯定会进行继承,因为任何类都会从Java的标准根类Object中继承。

用于合成的语法是非常简单且直观的。但为了进行继承,必须采用一种全然不同的形式。需要继承的时候,会认为:“这个新类和那个旧类差不多。”为了在代码里表现这一观念,需要给出类名。但在类主体的起始花括号之前需要放置一个关键字extends,在后面跟随“基础类”的名字。若采取这种做法,就可自动获得基础类的所有数据成员以及方法。

2. 方法重写

有两种做法可将新得的子类与父类区分开。第一种做法十分简单:为子类添加新方法(功能)。这些新方法并非基础类接口的一部分。进行这种处理时,一般都是意识到父类不能满足要求,所以需要添加更多的方法。这是一种最简单、最基本的继承用法,大多数时候都可完美地解决问题。然而,事先还是要仔细调查自己的基础类是否真的需要这些额外的方法。有的时候,希望子类具有父类相同的方法,只是行为不同,例如,医生类继承人类,人类具有洗手的行为,医生类也具有洗手的行为,医生的洗手方法与普通人的洗手方法不同,但都是洗手。这时就将用到方法重写。

在子类中可以根据需求对从父类继承的方法进行重新编写,称为方法重写或方法覆盖(overriding)。方法重写必须满足以下要求。

(1) 重写方法和被重写方法必须具有相同的方法名。

(2) 重写方法和被重写方法必须具有相同的参数列表。

(3) 重写方法的返回值类型必须和被重写方法的返回值类型相同或是其子类。

(4) 重写方法不能缩小被重写方法的访问权限。

如果在类中想调用父类的被重写方法,可以在子类中通过super.方法名来实现。

super代表对当前对象的直接父类对象的默认引用。在子类中可以通过super关键字来访问父类的成员。

(1) super必须出现在子类(子类的方法和构造方法)中,而不是其他位置。

(2) 可以访问父类的成员,例如父类的属性、方法、构造方法。

(3) 注意访问权限的限制,例如无法通过super访问private成员。

7.5.3 任务实施

创建一个宠物类,然后让狗类和企鹅类继承宠物类。算法如图7.2所示。

宠物类代码如下。

示例7.8

```
public class Pet {
    private String name ="无名氏";    //昵称
    private int health =100;          //健康值
    private int love =0;              //亲密程度
    /**
     * 无参构造方法
     */
```

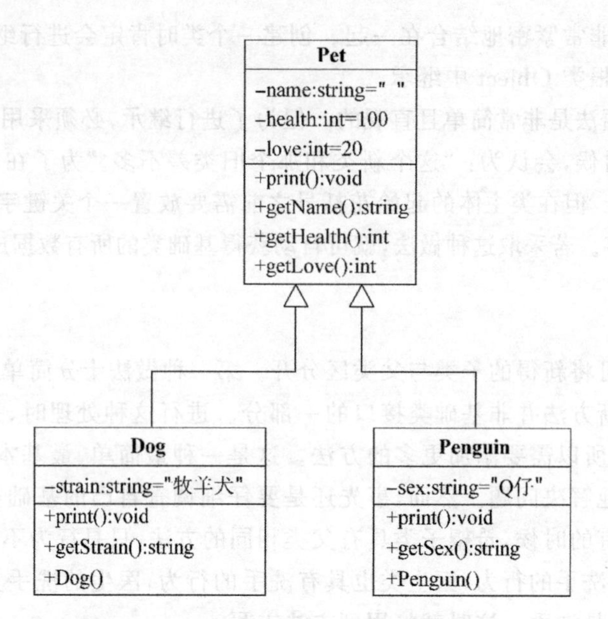

图 7.2 宠物类和狗类、企鹅类的继承关系

```
    public Pet() {
        this.health =95;
        System.out.println("执行宠物的无参构造方法。");
    }
    /**
     * 有参构造方法
     * @param name 昵称
     */
    public Pet(String name) {
        this.name =name;
    }
    public String getName() {
        return name;
    }
    public int getHealth() {
        return health;
    }
    public int getLove() {
        return love;
    }
    /**
     * 输出宠物信息。
     */
    public void print() {
        System.out.println("宠物的自白: \n 我的名字叫" +
            this.name +",我的健康值是" +this.health+",
            我和主人的亲密程度是" +this.love +"。");
    }
}
```

狗类代码如下：

```
public class Dog extends Pet {
    private String strain;          //品种
    /**
     * 有参构造方法
     * @param name 昵称
     * @param strain 品种
     */
    public Dog(String name, String strain) {
        super(name);                //此处不能使用 this.name=name;
        this.strain =strain;
    }
    public String getStrain() {
        return strain;
    }
}
```

企鹅类代码如下：

```
public class Penguin extends Pet {
    private String sex;             //性别
    /**
     * 有参构造方法
     * @param name 昵称
     * @param sex 性别
     */
    public Penguin(String name, String sex) {
        super(name);
        this.sex =sex;
    }
    public String getSex() {
        return sex;
    }
    public void setSex(String sex) {
        this.sex =sex;
    }
}
```

测试类代码如下：

```
public class Test {
    public static void main(String[] args) {
        //1.创建宠物对象 pet 并输出信息
        Pet pet =new Pet("贝贝");
        pet.print();
        //2.创建狗狗对象 dog 并输出信息
        Dog dog =new Dog("欧欧", "雪娜瑞");
        dog.print();
        //3.创建企鹅对象 pgn 并输出信息
        Penguin pgn =new Penguin("楠楠", "Q妹");
```

```
        pgn.print();
    }
}
```

下面通过一个存在多级继承关系的实例来理解继承条件下构造方法的调用规则，即继承条件下创建子类对象时的执行过程。代码如下。

示例 7.9

```
class Person {
    String name;         //姓名
    public Person() {
        //super();         //写不写该语句,效果一样
        System.out.println("execute Person()");
    }
    public Person(String name) {
        this.name =name;
        System.out.println("execute Person(name)");
    }
}

class Student extends Person {
    String school;       //学校
    public Student() {
        //super();         //写不写该语句,效果一样
        System.out.println("execute Student()");
    }
    public Student(String name, String school) {
        super(name);     //显示调用了父类有参构造方法,将不执行无参构造方法
        this.school =school;
        System.out.println("execute Student(name,school)");
    }
}

class PostGraduate extends Student {
    String guide;        //导师
    public PostGraduate() {
        //super();         //写不写该语句,效果一样
        System.out.println("execute PostGraduate()");
    }
    public PostGraduate(String name, String school, String guide) {
        super(name, school);
        this.guide =guide;
        System.out.println("execute PostGraduate(name, school, guide)");
    }
}

class TestInherit {
    public static void main(String[] args) {
        PostGraduate pgdt=null;
```

```
        pgdt =new PostGraduate();
        System.out.println();
        pgdt=new PostGraduate("刘致同","北京大学","王老师");
    }
}
```

执行“pgdt=new PostGraduate()”语句后，共创建了4个对象。按照创建顺序，依次是Object、Person、Student和PostGraduate对象，此处应注意除了PostGraduate对象外还有另外3个对象，尤其是别忘了还会创建Object对象。在执行Person()时会调用它的直接父类Object的无参构造方法，该方法内容为空。

执行“pgdt=new PostGraduate("刘致同","北京大学","王老师")”语句后，共计也创建了4个对象，只是调用的构造方法不同，依次是Object()、public Person(String name)、public Student(Student name, String school)和public PostGraduate(String name, String school, String guide)。

任务7.6 上机练习及综合实战

上机练习1——计算平均分和总成绩

训练要点

方法的定义和调用。

需求说明

从键盘接收3门课分数，计算3门课的平均分和总成绩，编写成绩计算类实现功能。

实现思路

(1) 创建类ScoreCalc。
(2) 编写方法实现各功能。
(3) 编写测试类。

参考代码

```
public class ScoreCalc {
    int java;            //Java 成绩
    int c;               //C# 成绩
    int db;              //DB 成绩
    /* *
     * 计算总成绩
     * /
    public int calcTotalScore() {
        int total =java +c +db;
        return total;
    }
```

```
    /**
     * 显示总成绩
     */
    public void showTotalScore() {
        System.out.println("总成绩是:  " +calcTotalScore());
    }
    /**
     * 计算平均成绩
     */
    public int calcAvg() {
        int avg = (java +c +db) / 3;
        return avg;
    }

    /**
     * 显示平均成绩
     */
    public void showAvg() {
        System.out.println("平均成绩是:  " +calcAvg());
    }
}
```

程序运行结果如图 7.3 所示。

上机练习 2——定义管理员类

需求说明

(1) 根据图 7.4 所示的信息，编写管理员类 Manager，使用 show()方法返回管理员信息。

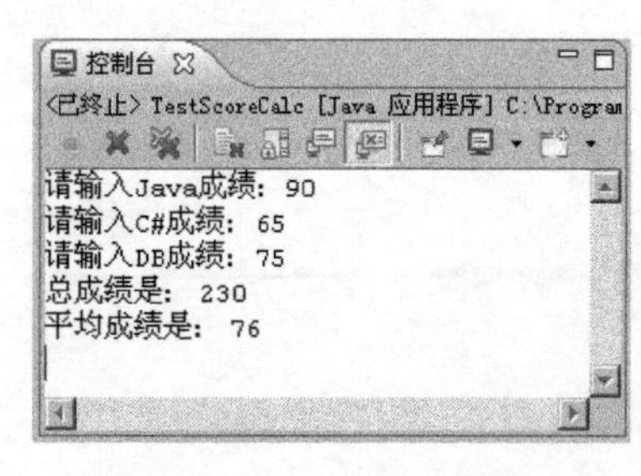

图 7.3 计算平均分和总成绩

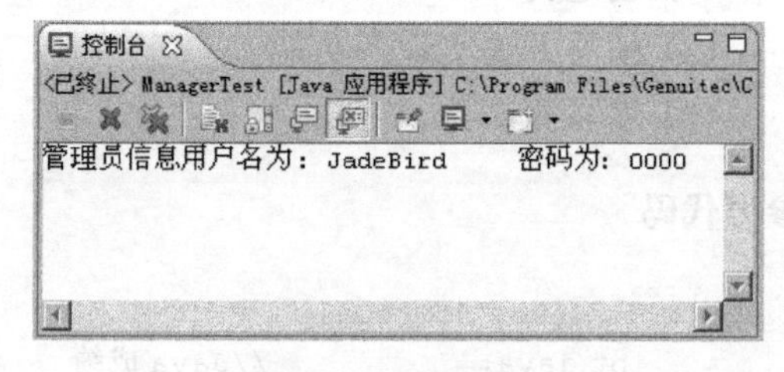

图 7.4 管理员类

(2) 编写测试类 ManagerTest 输出管理员信息。

上机练习 3——实现菜单的级联效果

训练要点

(1) 方法的定义和调用。

(2) 循环结构。

需求说明

实现 MyShopping 菜单，输入菜单项编号，可以自由切换各个菜单，如图 7.5 所示。

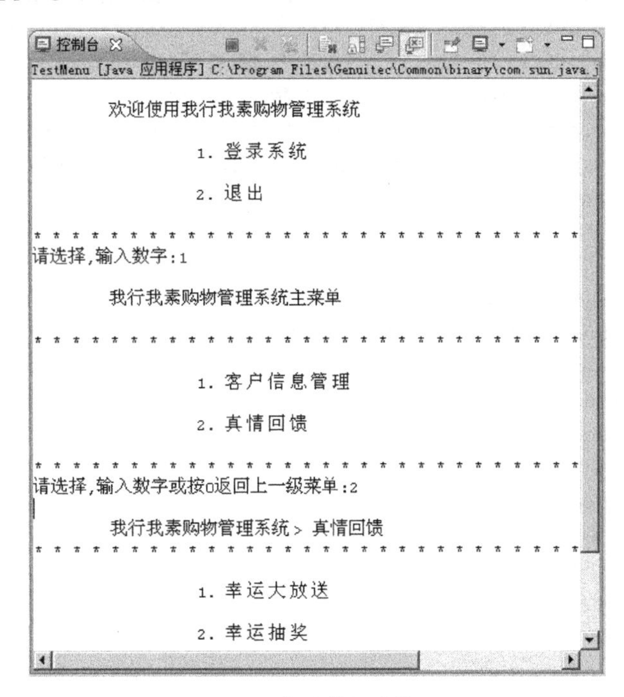

图 7.5 菜单的级联效果

实现思路

(1) 创建菜单类 Menu。
(2) 编写方法实现各功能。
(3) 编写测试类。

参考代码

```
public class Menu1 {
    /**
     * 显示登录菜单
     */
    public void showLoginMenu(){
        System.out.println("\n\t 欢迎使用我行我素购物管理系统\n");
        System.out.println("\t\t 1. 登 录 系 统\n");
        System.out.println("\t\t 2. 退 出\n");
        System.out.println ("******************************************");
        System.out.print("请选择,输入数字:");
    }
```

```
/* *
 * 显示主菜单
 * /
public void showMainMenu() {
    System.out.println("\n\t 我行我素购物管理系统主菜单\n");
    System.out.println("****************************************\n");
    System.out.println("\t\t 1. 客 户 信 息 管 理\n");
    System.out.println("\t\t 2. 真 情 回 馈\n");
    System.out.println("****************************************");
    System.out.print("请选择,输入数字或按 0 返回上一级菜单:");
    boolean con;
    do{
      con =false;
      /* 输入数字,选择菜单 * /
      Scanner input =new Scanner(System.in);
      int no =input.nextInt();
     if (no ==1) {
         showCustMMenu();
     }else if (no ==2) {
         showSendGMenu();
     }else if (no ==0) {
         showLoginMenu();
     }else{
          System.out.print("输入错误, 请重新输入数字: ");
          con =true;
     }
    }while(con);
}
/* *
 * 显示客户管理菜单
 * /
public void showCustMMenu() {
    System.out.println("\n\t 我行我素购物管理系统 >客户信息管理");
    System.out.println("****************************************\n");
    System.out.println("\t\t  1. 显 示 所 有 客 户 信 息\n");
    System.out.println("\t\t  2. 添 加 客 户 信 息\n");
    System.out.println("\t\t  3. 修 改 客 户 信 息\n");
    System.out.println("\t\t  4. 查 询 客 户 信 息\n");
    System.out.println("****************************************");
    System.out.print("请选择,输入数字或按 0 返回上一级菜单:");
     /* 输入数字,选择菜单 * /
    boolean con;
    do{
        con =false;
        Scanner input =new Scanner(System.in);
        int no =input.nextInt();
        if(no ==1) {
```

```
                System.out.println("执行显示所有客户信息");
            }else if(no ==2){
                System.out.println("执行添加客户信息");
            }else if(no ==3){
                System.out.println("执行修改客户信息");
            }else if(no ==4){
                System.out.println("执行查询客户信息");
            }else if(no ==0){
                showMainMenu();          //返回主菜单
            }else{
                System.out.print("输入错误,请重新输入数字:");
                con =true;
            }
        }while(con);
    }
    /**
     * 显示真情回馈菜单
     */
    public void showSendGMenu(){
        System.out.println("\n\t我行我素购物管理系统 >真情回馈");
        System.out.println("*****************************************\n");
        System.out.println("\t\t 1. 幸 运 大 放 送\n");
        System.out.println("\t\t 2. 幸 运 抽 奖\n");
        System.out.println("\t\t 3. 生 日 问 候\n");
        System.out.println("*****************************************");
        System.out.print("请选择,输入数字或按 0 返回上一级菜单:");

        boolean con;
        do{
            con =false;
            /*输入数字,选择菜单*/
            Scanner input =new Scanner(System.in);
            int no =input.nextInt();
            if(no ==1){
                System.out.println("执行幸运大放送");
            }else if(no ==2){
                System.out.println("执行幸运抽奖");
            }else if(no ==3){
                System.out.println("执行生日问候");
            }else if(no ==0){
                showMainMenu();          //返回主菜单
            }else{
                System.out.print("输入错误,请重新输入数字:");
                con =true;
            }
        }while(con);
    }
}
```

上机练习 4——实现客户姓名的添加和显示

训练要点

(1) 带参方法的定义。

(2) 带参方法的调用。

需求说明

创建客户业务类,实现客户姓名的添加和显示,如图 7.6 所示。

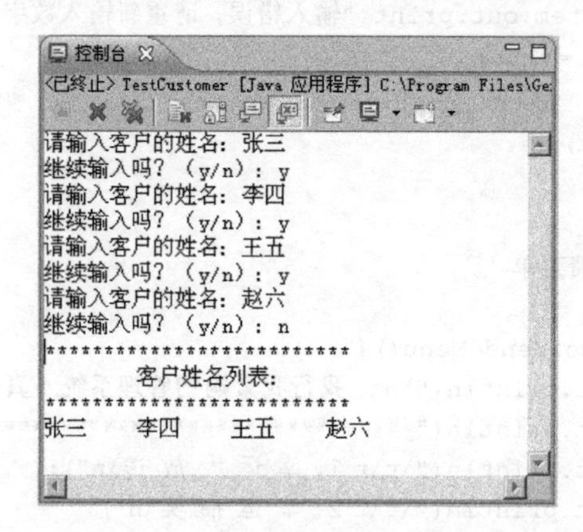

图 7.6 客户姓名的添加和显示

实现思路

(1) 创建 CustomerBiz 类。

(2) 创建带参方法 addName()。

(3) 创建方法 showNames()。

(4) 创建测试类。

参考代码

```
public class CustomerBiz {
    String[] names =new String[30];   //姓名数组

    /* *
     * 增加姓名
     * @param name 要增加的姓名
     * /
    public void addName(String name){
        for(int i =0;i<names.length;i++){
            if(names[i]==null){
                names[i]=name;
                break;
            }
        }
```

```
    }
    /**
     * 显示姓名
     */
    public void showNames(){
        System.out.println("**************************");
        System.out.println("\t客户姓名列表：");
        System.out.println("**************************");
        for(int i =0;i<names.length;i++){
            if(names[i]!=null){
                System.out.print(names[i]+"\t");
            }
        }
        System.out.println();
    }
    /**
     * 查找
     * @param name 要查找的姓名
     * @return 是否找到
     */
    public boolean search(String name){
        boolean find =false;  //代表是否找到
        int i=0;
        while(names[i] !=null){
            if(names[i].equals(name)){
                find =true;   //找到了
                break;
            }
            i++;
        }
        return find;
    }
}
```

上机练习 5——增加会员

训练要点

(1) 带参方法的定义及调用。

(2) 对象类型的参数。

需求说明

创建包 com.wxws.sms，增加会员类和会员操作类，实现 MyShopping 系统的增加会员功能，如图 7.7 所示。

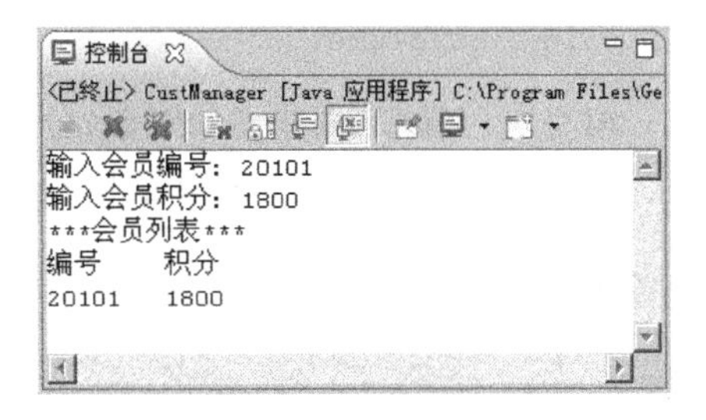

图 7.7 增加会员

实现思路

(1) 创建会员类。
(2) 创建会员操作类。
(3) 进行测试。

上机练习 6——编程定义圆类和圆柱体类

需求说明

(1) 编写一个圆类 Circle,该类拥有:
① 一个成员变量。

```
Radius(私有,浮点型);                       // 存放圆的半径;
```

② 两个构造方法。

```
Circle()                                   // 将半径设为 0
Circle(double r)                           // 创建 Circle 对象时将半径初始化为 r
```

③ 三个成员方法。

```
double getArea()                           // 获取圆的面积
double getPerimeter()                      // 获取圆的周长
void show()                                // 将圆的半径、周长、面积输出到屏幕
```

(2) 编写一个圆柱体类 Cylinder,它除了继承于上面的 Circle 类外,还拥有:
① 一个成员变量。

```
double hight(私有,浮点型);                 // 圆柱体的高;
```

② 构造方法。

```
Cylinder (double r, double h)              // 创建 Circle 对象时将半径初始化为 r
```

③ 成员方法。

```
double getVolume()                         // 获取圆柱体的体积
void showVolume()                          // 将圆柱体的体积输出到屏幕
```

编写应用程序,创建类的对象,分别设置圆的半径、圆柱体的高,计算并分别显示圆半径、圆面积、圆周长以及圆柱体的体积。

参考代码

```
class Circle {                             // 定义父类——圆类
    private double radius;                 // 成员变量——圆半径
    Circle() {                             // 构造方法
        radius=0.0;
```

```
    }
    Circle(double r) {                          // 构造方法
        radius=r;
    }
    double getPerimeter() {                     // 成员方法——求圆周长
        return 2 * Math.PI * radius;
    }
    double getArea() {                          // 成员方法——求圆面积
        return Math.PI * radius * radius;
    }
    void disp() {                               // 成员方法——显示圆半径、周长、面积
        System.out.println("圆半径="+radius);
        System.out.println("圆周长="+getPerimeter());
        System.out.println("圆面积="+getArea());
    }
}
class Cylinder extends Circle {                 // 定义子类——圆柱类
    private double hight;                       // 成员变量——圆柱高
    Cylinder(double r,double h) {               // 构造方法
        super(r);
        hight=h;
    }
    public double getVol() {                    // 成员方法——求圆柱体积
        return getArea() * hight;
    }
    public void dispVol() {                     // 成员方法——显示圆柱体积
        System.out.println("圆柱体积="+getVol());
    }
}
public class TestCylinder {                     // 定义主类
    public static void main(String[] args) {  // 主程序入口
        Circle Ci=new Circle(10.0);             // 生成圆类实例
        Ci.disp();                              // 调用圆类的方法
        Cylinder Cyl=new Cylinder(5.0,10.0);  // 生成圆柱类实例
        Cyl.disp();                             // 调用父类方法
        Cyl.dispVol();                          // 调用子类方法
    }
}
```

单 元 小 结

(1) 类的方法就是指类的行为或所完成的功能。

(2) 类的方法分为无参方法和带参方法。

（3）定义类的方法必须包含3个部分：方法名称、方法的返回值类型和方法的主体。

（4）类的方法调用，使用两种形式：同一个类中的方法，直接使用方法名调用该方法；不同类的方法，首先创建对象，再使用“对象名.方法名”来调用。

（5）在带参方法中，定义方法时用到的是形参，调用方法时用到的是实参。

（6）理解方法的重载和重写，并注意它们的区别。

课后练习

一、选择题

1. 关于类的描述正确的是（　　）。（选两项）

A. 在类中定义的变量称为类的成员变量，在别的类中可以直接使用

B. 局部变量的作用范围仅仅在定义它的方法内或者是在定义它的控制流块中

C. 使用别的类的方法仅仅需要引用方法的名字即可

D. 一个类的方法使用该类的另一个方法时可以直接引用方法名

2. 给定的Java代码如下所示，则编译运行后，输出结果为（　　）。

```
Public class Test{
    int i;
    public int aMethod(){
        i++;
        return i;
    }
    public static void main(String args[]){
        Test test =new Test();
        test.aMethod();
        System.out.println(test.aMethod());
    }
}
```

A. 编译出错　　B. 0　　C. 1　　D. 2

3. 阅读下面的代码。

```
import java.util.*;
public class Foo{
    public void calc(){
        Scanner input=new Scanner(System.in);
        System.out.println("请输入一个整数值：");
        int i=input.nextInt();
        for(int p=0,num=0;p<i;p++){
            num++;
        }
        System.out.println(num);
    }
```

```
    public static void main(String[] args){
        Foo foo=new Foo();
        foo.calc();
    }
}
```

如果从控制台输入的值为 10,程序运行的结果是(　　)。

A. 9　　B. 8　　C. 10　　D. 编译出错

4. 在 Java 中,以下(　　)选项的内容是合法的包名。

A. com.jb.chap　　B. .jp.chap

C. com.jb.chap.　　D. com.jb.*

5. 给定如下 Java 程序的方法定义,则以下(　　)可以放在方法体中。

```
public String change(int i){
    //方法体
}
```

A. return 10;

B. return 's';

C. return i+"";

D. return i;

二、简答题

1. 根据目录结构 myjava\execiseDoo.java,写出 Doo 类的包名。

2. 用代码实现单元 6 中的计算器类(Calculator)。

提示:定义成员变量为运算数 1(num1)和运算数 2(num2)。

实施成员方法“加”(add)、“减”(minus)、“乘”(multiple)和“除”(divide)。

三、编程题

1. 改写简答题 2 中的计算器类(Calculator)。要求将加、减、乘、除的方法改写成带参方法,再定义一个运算方法 oper(),接收用户选择的运算和两个数字,根据用户选择的运算计算结果。

2. 根据三角形的 3 条边长,判断其是直角三角形、钝角三角形还是锐角三角形。程序的功能要求如下。

(1) 先输入三角形的 3 条边的边长。

(2) 判断能否构成三角形,构成三角形的条件是“任意两边之和大于第三边”,如果不能构成三角形,则提示“不是三角形!”。

(3) 如果能构成三角形,判断三角形是何种三角形。如果三角形的一条边的平方等于其他两条边平方的和,则为直角三角形;如果三角形的任意一条边的平方大于其他两条边的平方的和,则为钝角三角形;否则,为锐角三角形。

运行结果如图 7.8 所示。

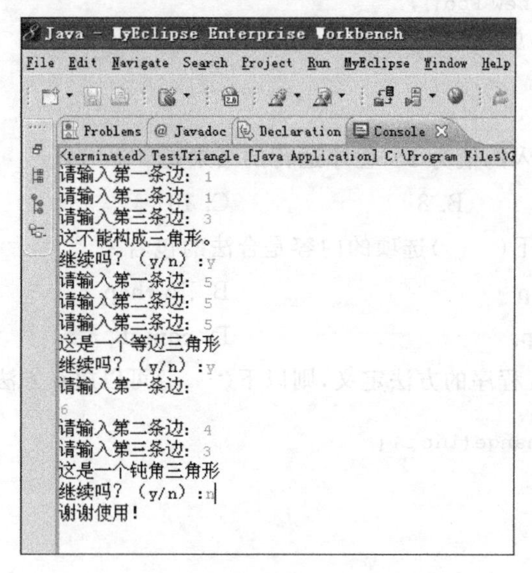

图 7.8　程序运行结果

3. 随机产生 10 个 1～1000 的整数，放在一个数组中，定义方法 maxMin()，求出其中的最大值和最小值，要求不能使用 sort()方法。

提示：产生随机数的参考代码如下。

```
(Math.random() * 1000);
```

定义方法 maxMin()的参考代码如下：

```
public void maxMin(int[] nums){...}
```

4. 编写程序，向整型数组的指定位置插入元素，并输出插入前后数组的值。

提示：定义方法 insertArray()的参考代码如下。

```
public void insertArray(int[] arr, int index, int value){...}
```

单元 8

字 符 串

Unit 8

在前面学习的知识中，已经了解了字符串的广泛性，只要继承了 Object 的类，就都有一个 toString()方法，它的返回值类型是一个字符串。在现在的很多开发框架下，字符串操作已经成为重中之重，毕竟个人计算机的主要工作是信息加工而不是自动控制，而信息其实就是字符串，HTML、源程序、Word 文档等都是字符串。Java 提供了功能强大的字符串处理包装，这也是 Java 能够大放异彩的因素之一。本单元主要学习字符串的定义以及常用方法。

任务说明

在单元 6、单元 7 的基础上，用面向对象的思想来了解 Java 中的字符串这种特殊的类型。
完成本单元任务需要学习以下 5 个子任务。
任务 8.1：字符串的创建——学习字符串的实例化方法。
任务 8.2：操作字符串对象的方法。
任务 8.3：修改字符串的方法。
任务 8.4：StringBuffer 类——使用 StringBuffer 类方法对字符串进行操作。
任务 8.5：上机练习及综合实战。

任务 8.1　字符串的创建

8.1.1　任务分析

在 Java 中，把字符串作为对象来看待，不过对初学者来说，可以把字符串看成是一种数据类型，就像其他数据类型一样，如 int 代表整数，float 代表小数，Java 用关键字 String 来代表数据类型。虽然在 Java 中字符串实际上是作为对象来存储的，但从使用形式上，它对于字符串的处理与一般的基本数据类型一样简单。例如，在某网站注册新用户的时候需要输入的信息全部都可以用字符串表示。

8.1.2　相关知识

1. 字符串的创建

像其他基本数据类型一样，在使用字符串对象之前，需要先声明一个字符串变量，声明字符串变量的语法格式如下：

```
String 字符串名称;
```

例如，定义一个保存学生姓名的字符串变量，语句如下：

```
String studentName;
```

2. 字符串的初始化

字符串也必须赋值之后才能使用，这也称为对字符串的初始化工作，字符串对象的初始化有以下 3 种形式。

(1) 使用 new 关键字

例如：

```
String studentName1=new String("张小萍");
```

或者

```
char[] studentName={'z','x','p'};
String studentName2=new String(studentName);
```

这里主要是借助 String 类所具有的构造方法来完成初始化工作，实际上使用 String 的构造方法可以在创建字符串对象的同时完成初始化工作。

(2) 直接赋初值

直接赋初值这种方式不使用 new 关键字，而是直接把一个字符串常量赋给一个字符串对象。

例如：

```
String studentName="张小萍";
```

这里的"张小萍"就是一个字符串常量(有些地方也叫字符串字面量)。Java 编译器会自动为每一个字符串常量生成一个 String 类的实例。

提示：使用双引号得到的其实已经是一个 String 类的对象，而 new String(String) 构造方法是对引入的参数 String 创建一个副本，这样的形式实际上是创建了两个 String 对象，性能上是不划算的，应避免使用。

(3) 初始化为 null 值

对于字符串对象来说，如果一开始并无确定的初值，可以直接赋予它为 null 值，然后根据程序的需要再赋予合适的值。例如：

```
String studentName=null;
StudentName="张小萍";
```

需要注意的是，null 值与空字符串是不同的，空字符串仅仅是不含字符，它还需要用双引号括起来，而 null 值则是除此变量本身外就没有任何值。

8.1.3 任务实施

完成一个商品批发商城的用户注册的功能，要求有分别从控制台输入用户名和用户密码的功能。

通过任务分析发现在任务中至少要声明两个变量，一个用来接收用户名，一个用来接收用户密码。使用什么类型的变量最合适？int、float 或者其他？联系生活实际就会发现没有比 String 类型更合适的了。这里声明一个 Register 类，在它的 main()方法中声明两个 String 对象来接收控制台输入的用户名和密码。

示例 8.1 Register 类代码片段如下。

```
public static void main(String[] args) {
    Scanner input =new Scanner(System.in);        //接收从控制台的输入
    String uname,pwd;                             //声明 uname、pwd 两个 String 实例
    System.out.print("请输入用户名：");
    uname=input.next();                           //完成对 uname 的初始化
    System.out.print("请输入密码：");
    pwd=input.next();                             //完成对 pwd 的初始化
}
```

任务 8.2 操作字符串对象的方法

8.2.1 任务分析

String 类的方法很多，从功能上主要分为两大类，一类是操作字符串本身的方法，如获取字符串长度的方法、判断字符串相等的方法、获取某位置上字符串的方法、字符串之间比较的方法等，这类方法的执行不会对字符串本身造成任何影响；另一类是修改字符串的方法，这些方法的正确执行会引起字符串的变化。不管哪类方法，在实际应用中都给编程提供了很大的便利。例如，用户注册时，用户名和密码的验证问题。

8.2.2 相关知识

1. int length()方法

该方法是 String 类所具有的一个公有的无参方法，返回的是字符串对象所包含的字符个数。例如：

```
String studentName="大家好，我是张小萍！";
int len=studentName.length();
```

前面学习的知识中调用类中的某个方法是通过该类的“实例名.方法名”实现的，所以要调用 String 类中的方法也需要通过 String 的“实例名.方法名”实现，执行上述片段之后，变量 len 的值为 22，包含标点符号和空格在内。

2. boolean equals(Object obj)和 boolean equalsIgnoreCase(String str)方法

这两个方法都可以用来判断字符串相等，前者在比较的时候不忽略大小写，后者忽略大小写，如果相等，两个方法都返回 true；否则就返回 false。例如：

```
String stuName1="zhang xiao ping";
String stuName2="Zhang Xiao Ping";
boolean b1=stuName1.equals(stuName2);
boolean b2=stuName2.equalsIgnoreCase(stuName2);
```

上述代码段执行的结果：b1 为 false，b2 为 true。

这里同学们要注意区别“==”和 equals()方法的区别，在字符串比较时，“==”判断两个字符串在内存中的首地址，即判断是否是同一个字符串对象；equals()检查组成字符串内容的字符是否完全一致，两者有本质的区别。

3. int compareTo(String str)和 int compareToIgnoreCase(String str)方法

这两个方法是根据字母顺序进行字符串比较的方法，根据比较的结果，如果左边大于右边就返回大于 0 的数值；如果左边等于右边就返回 0；否则就返回小于 0 的值。同上面的方法相似，这两个方法的区别也是在于比较的时候一个忽略字母的大小写，一个不忽略。

4. char charAt(int index)方法

该方法是要返回字符串的第 index+1 个字符，因为 String 中的字符下标的起始位置是 0。例如：

```
String studentName="liping";
Char ch=studentName.charAt(3);
```

代码执行之后，ch 的值是 i。

5. int indexOf(String str)和 int lastIndexOf(String str)方法

这两个方法都是返回子串在字符串中出现的位置，前者返回从前往后第一次出现的位置，而后者则是返回从后往前第一次出现的位置。

6. boolean startsWith(String prefix)和 boolean endsWith(String sufix)方法

前者判断该字符串是否以 prefix 为前缀，后者判断该字符串是否以 sufix 为后缀，这两者可以用来进行字符串的模糊匹配。

8.2.3 任务实施

在任务 8.1 的基础上继续完善用户的注册功能，要求密码的长度大于 6，而且两次输入的密码要保持一致，条件满足提示“注册成功!”。

在任务 8.1 中只是定义了两个字符串变量分别用来接收从控制台输入的用户名和密码，现在要求再次输入密码，所以需要再声明一个字符串来接收再次输入的密码，并且保证两次输入的密码一致并且长度不能小于 6，那么就要调用 length()和 equals()方法。

示例 8.2 Register 类的代码如下。

```
public class Register{
   public static void main(String[] args) {
```

```
    Scanner input =new Scanner(System.in); //接收从控制台的输入
    String uname,pwd1,pwd2;             //声明 uname、pwd1、pwd2 这 3 个 String 实例
    System.out.print("请输入用户名: ");
    uname=input.next();                    //完成对 uname 的初始化
    System.out.print("请输入密码: ");
    pwd1=input.next();                     //完成对 pwd1 的初始化
    System.out.print("请再次输入密码: ");
    pwd2=input.next();                     //完成对 pwd2 的初始化
    if(pwd1.length()>=6){                  //调用 length()方法来判断密码的长度
      if(pwd1.equals(pwd2)){          //调用 equals()方法来判断两个字符串是否相等
          System.out.println("注册成功!");
      }else{
          System.out.println("两次输入的密码不一致!");
      }
    }else{
      System.out.println("密码长度不能小于 6 位!");
    }
}
```

任务 8.3 修改字符串的方法

8.3.1 任务分析

同操作字符串的方法不会改变原有字符串的值一样,修改字符串的方法同样不会改变原有字符串的值,这和 String 类的一个重要特性紧密相关,因为 String 类的线程访问安全的特性,所以 String 对象是不可改变的。

8.3.2 相关知识

1. String toLowerCase()和 String toUpperCase()方法

前者是将字符串中所有大写字符转化为小写字符,后者是将字符串中所有小写字符转化为大写字符。

2. String substring(int beginindex)和 String substring(int beginindex, int endindex)方法

这两个方法用来得到给定的字符串中指定的字符串子串,前者是取 beginindex 之后的字符串,后者是取 beginindex 和 endindex 之间的子串。

3. replace(char oldChar,char newChar)和 replaceAll(String regex, String replacement)方法

前者用于将字符串中的所有为 oldChar 的字符全部替换为 newChar 字符,后者是使用 replacement 字符串替换原字符串中的每一个与 regex 字符串匹配的字符串。

4. concat(String otherString)方法

用于将当前字符串与 otherString 字符串连接起来。

8.3.3 任务实施

在任务 8.2 的基础上,注册成功之后,可以选择登录,在登录的时候可以不用考虑用户名大小写的问题,只要用户名和密码匹配就可以成功登录。

在匹配用户名的时候可以选择 equalsIgnoreCase()来进行用户名的比较,也可以通过 toLower()或者 toUpper()方法来进行用户名的比较,这里采用第二种方式来进行用户名的匹配。编写一个 Login 类来判断登录。

示例 8.3 Login 类的代码如下。

```
public class Login{
    public static void main(String[] args) {
        String  name,password;              //声明的用户名和密码
            Scanner input =new Scanner(System.in);
            System.out.print("请输入用户名: ");
            String name=input.next();
        System.out.print("请输入密码: ");
        String pwd=input.next();
        if(name.toUpperCase().equals("TOM")&&pwd.equals("123")){
            System.out.println("登录成功!");
        }else{
            System.out.println("用户名或密码不匹配,登录失败!");
        }
    }
}
```

任务 8.4 StringBuffer 类

8.4.1 任务分析

String 对象是不可改变的,任何涉及对 String 类所表示字符串操作的方法,都返回一个新创建的 String 对象。因此,在对一个 String 对象的使用中,往往会同时创建大量并不需要的 String 实例,消耗了不必要的系统资源。如果既想节省开销,又想改变字符串的内容,则可以使用 StringBuffer 类。

8.4.2 相关知识

1. StringBuffer 类的构造方法

(1) StringBuffer()

创建一个空的 StringBuffer 对象。

(2) StringBuffer(int length)

创建一个空的 StringBuffer 对象,并设置初始容量。

(3) StringBuffer(String str)

利用已有的字符串 str 来初始化 StringBuffer 对象。

2. StringBuffer 对象的长度和容量

(1) length()方法

StringBuffer 类的 length()方法和 String 一样,都是返回 StringBuffer 字符串对象中字符序列的长度。

(2) capacity()方法

这是 StringBuffer 类所特有的方法,capacity()方法可返回该 StringBuffer 对象目前已经被分配的、可容纳的字符容量,它总是大于或者等于字符串对象的长度,并且根据情况可自行进行扩展。

3. StringBuffer 类的成员方法

(1) append(StringBuffer sb)方法

在一个 StringBuffer 字符串最后追加一个字符串,即两个字符串连接。

(2) insert(int index,String substring)方法

在 index 的位置插入一个 substring 子串。

(3) delete(int start,int end)方法

删除 start 到 end 之间的字符子串。

(4) String toString()方法

将字符串变量 StringBuffer 转化为字符串常量 String。

注意:因为 System.out.println()方法不能接收可变串,因此在打印 StringBuffer 之前要使用 toString()方法将其转化为 String。

示例 8.4

```
public class sbAppend {
    /**
     * StringBuffer类的 append()方法示例
     */
    public static void main(String[] args) {
        StringBuffer sb=new StringBuffer("冬天来了");
        int num=66;
        StringBuffer sb1=sb.append("春天还会远"); //在字符串后面追加字符串
        System.out.println(sb1);
        StringBuffer sb2=sb1.append('吗');       //在字符串后面追加字符
        System.out.println(sb2);
        StringBuffer sb3=sb2.append(num);        //在字符串后面追加整型数字
        System.out.println(sb3);
    }
}
```

StringBuffer 本质上是一个字符数组的操作封装，与 String 相比，任何修改性的操作都是在同一个字符数组上进行的，而不像 String 那样为了线程访问安全创建大量副本对象。因此，如果是一段需要在一个字符串上进行操作的代码，推荐使用 StringBuffer 来提交性能。当然，如果不考虑性能，可以全部选择 String 进行操作。

任务 8.5 上机练习及综合实战

上机练习 1——输出登录和注册页面

输出商品批发城的登录和注册页面，如图 8.1 所示。

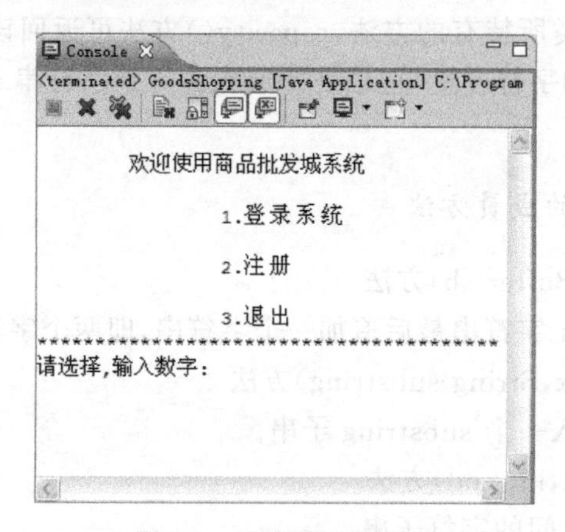

图 8.1 登录和注册页面

训练要点

(1) 字符串的声明、创建，以及初始化。

(2) 输出字符串信息。

需求说明

实现 GoodsShopping 菜单，输入菜单项编号，可以自由切换各个菜单。

实现思路

(1) 创建菜单类 Menu。

(2) 编写 showMenu()方法实现显示菜单功能。

(3) 编写测试类。

参考代码

```
public class GoodsShopping {
    public String Title=" \n\t 欢迎使用商品批发城系统\n";
    public String first="\t\t 1.登 录 系 统\n";
```

```
        public String second="\t\t2.注 册\n";
        public String third="\t\t 3.退 出";
        /**
         *显示菜单功能
         */
        public void showMenu(){
            System.out.println(Title);
            System.out.println(first);
            System.out.println(second);
            System.out.println(third);
            System.out.println ("******************************************");
            System.out.print("请选择,输入数字:");
        }
    }
```

上机练习 2——实现登录和注册功能

实现用户的登录和注册功能。

训练要点

(1) 计算字符串长度的方法。

(2) 比较字符串相等的方法。

需求说明

在上机练习 1 的基础上完善代码,通过从控制台输入的值返回不同的页面,输入 1 进入登录页面,输入 2 进入注册页面,输入 3 程序结束。

实现思路

(1) 创建菜单类 Menu。

(2) 编写 login()和 register()方法分别实现登录和注册页面。

(3) 编写测试类。

参考代码

```
public class GoodsShopping {
    /**
     *验证注册信息
     */
    public boolean verify(String name,String pwd1,String pwd2){
        boolean flag=false;
        if(name.length()<3 || pwd1.length()<6){
            System.out.println("用户名长度不能小于 3,密码长度不能小于 6!");
        }else if(!pwd1.equals(pwd2)){
            System.out.println("两次输入的密码不相同!");
        }else{
```

```
            System.out.println("注册成功!请牢记用户名和密码。");
            flag=true;
        }
        return flag;
    }
    /**
     *实现注册功能
     */
    public void register(){
        Scanner input=new Scanner(System.in);
        String uname,p1,p2;
        boolean resp=false;
        System.out.println("***欢迎进入注册系统***\n");
        do{
            System.out.print("请输入用户名: ");
            uname=input.next();
            System.out.print("请输入密码: ");
            p1=input.next();
            System.out.print("请再次输入密码: ");
            p2=input.next();
            resp=r.verify(uname, p1, p2);
        }while(!resp);
    }
    /**
     *实现登录功能
     */

    public void login(){
        Scanner input =new Scanner(System.in);
        String uname,pwd;

        System.out.print("请输入用户名: ");
        uname=input.next();
        System.out.print("请输入密码: ");
        pwd=input.next();
        if(uname.equals("TOM")&&pwd.equals("1234567")){
            System.out.print("登录成功!");
        }else{
            System.out.print("用户名或密码不匹配,登录失败!");
        }
          if(uname.equalsIgnoreCase("TOM")&&pwd.equalsIgnoreCase
          ("1234567")){
              System.out.print("登录成功!");
          }else{
              System.out.print("用户名或密码不匹配,登录失败!");
          }
    }
}
```

请读者自己完善上机练习 1 中的 showMenu()方法,可以用 if 结构也可以选择

switch 结构。

思考：如果输入 1、2、3 之外的字符应怎么处理？

上机练习 3——过滤敏感性词语

敏感性词语过滤程序。

训练要点

(1) 字符串的查找方法。

(2) 替换字符串中字符或者子串的方法。

需求说明

对用户提交的聊天信息中的敏感性词语进行过滤，将“性”“色情”“爆炸”“恐怖”“枪”等敏感性词语从聊天记录中过滤出来，如图 8.2 所示。

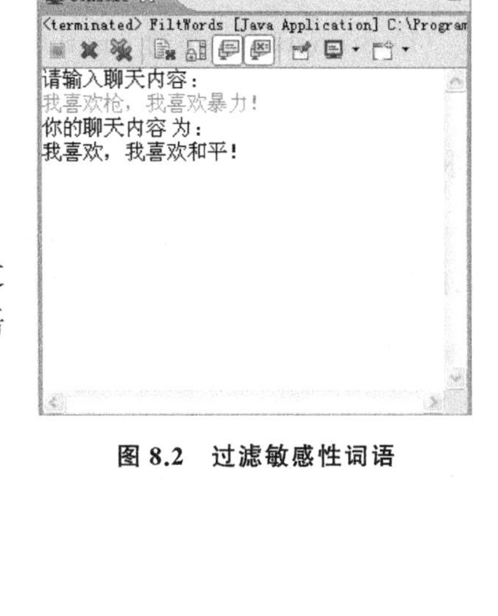

图 8.2 过滤敏感性词语

实现思路

创建 FiltWords 类实现过滤。

参考代码

```
public class FiltWords {
    /* *
     * 过滤敏感性词语
     * /
    public static void main(String[] args) {
        String[] sensitiveWords1={"性","色情","爆炸","恐怖","枪"};  //设置敏感词
        String[] sensitiveWords2={"暴力","拉登","导弹"};
        Scanner input=new Scanner(System.in);
        String chatcontent="";
        System.out.println("请输入聊天内容 : ");
        chatcontent=input.next();
        for(int i=0;i<sensitiveWords1.length;i++){
            int index=chatcontent.indexOf(sensitiveWords1[i]);
            if(index!=-1){
                chatcontent=chatcontent.replaceAll(sensitiveWords1[i], "");
                //以空串屏蔽掉敏感词
            }
        }
        for(int i=0;i<sensitiveWords2.length;i++){
            int index=chatcontent.indexOf(sensitiveWords2[i]);
            if(index!=-1){
                chatcontent=chatcontent.replaceAll(sensitiveWords2[i],"和平");
                //以和平屏蔽掉敏感词
            }
        }
```

```
            System.out.println("你的聊天内容 为 : \n"+chatcontent);
        }
    }
```

上机练习 4——实现对一个字符串的分隔

训练要点

(1) StringBuffer 类的 length()方法。

(2) StringBuffer 类的 insert()方法。

需求说明

将一个数字字符串转换成逗号分隔的数字串，即从右边开始每 3 个数字用逗号分隔。

实现思路

编写测试类 TestInsert 实现如图 8.3 所示效果。

图 8.3　分隔字符串

参考代码

```
public class TestInsert {
    /**
     * 每隔 3 位插入逗号
     */
    public static void main(String[] args) {
        Scanner input =new Scanner(System.in);
        //接收数字串,存放于 StringBuffer 类型的对象中
        System.out.print("请输入一串数字: ");
        String nums =input.next();
        StringBuffer str=new StringBuffer(nums);
        //从后往前每隔 3 位添加逗号
        for(int i=str.length()-3;i>0;i=i-3){
            str.insert(i,',');
        }
        System.out.print(str);
    }
}
```

单 元 小 结

(1) 字符串类属于引用数据类型，定义一个字符串可使用 String 类和 StringBuffer 类。

(2) String 类提供了很多操作字符串的方法，常用的方法如下。

length()：获取字符串的长度。

equals()：比较字符串是否相等。

concat()：连接字符串。

substring()：截取字符串。

indexOf()：搜索字符串。

(3) StringBuffer 类提供的常用方法如下。

toString()：转换成 String 类型。

append()：连接字符串。

insert()：插入字符串。

课后练习

一、选择题

1. 选择下列程序段，s2 的结果是(　　)。

```
String s1=new String("abc");
String s2="ef";
s2=s1.toUpperCase().concat(s2);
s2=s2.substring(2,4);
```

A. Cef　　B. cef　　C. Ce　　D. BCe

2. 运行下面的程序段，输出结果是(　　)。

```
String s1=new String("abc");
StringBuffer s2=new StringBuffer("abc");
s2.append(s1);
s1=s2.toString();
s1.concat("abc");
System.out.println(s1);
```

A. abc　　B. abcabc　　C. 编译错误　　D. abcabcabc

3. 阅读下面的代码，错误的代码是(　　)。

```
public class Demo{
    public void showFavor(StringBuffer thing){              //1
        System.out.println(thing);                          //2
    }
    public static void main(String[] args){
        StringBuffer myFavor="足球";                         //3
        showFavor(StringBuffer myfavor);                    //4
    }
}
```

A. 无　　B. 第 1 行

C. 第 3 行和第 4 行　　D. 第 2 行和第 3 行

4. 阅读下列代码，输出结果中包含(　　)字符串。

```
public class Demo{
    public static void main(String[] args){
      String s1=new String("-");
      String s2="abc";
      double a=8.98;
      if(s2.equals("Abc")){
         s1=s1+".e1";
      }else{
         s1=s1+".e2";
      }
      if(s2.length()==3){
         s1=s1+".e3";
      }
      if(a<=8){
         s1=s1+".e4"
      }
     System.out.println(s1);
   }
}
```

A. .e4　　　　B. .e1.e3　　　　C. .e2.e3　　　　D. .e1

5. 下列关于字符串的叙述中,错误的是(　　)。(选两项)

A. 字符串是对象

B. String 对象存储字符串的效率比 StringBuffer 高

C. 可以使用 StringBuffer sb="这里是字符串"声明并初始化 StringBuffer 对象 sb

D. String 类提供了许多用来操作字符串的方法：选择、提取、查询等

二、编程题

1. 输入 5 种水果的英文名称(例如,葡萄(grape)、橘子(orange)、香蕉(banana)、苹果(apple)、桃(peach)),编写一个程序,输出这些水果名称(按照在字典里出现的先后顺序输出),运行效果如图 8.4 所示。

提示：使用 Array 的 sort()方法对字符串数组中的元素进行排序。

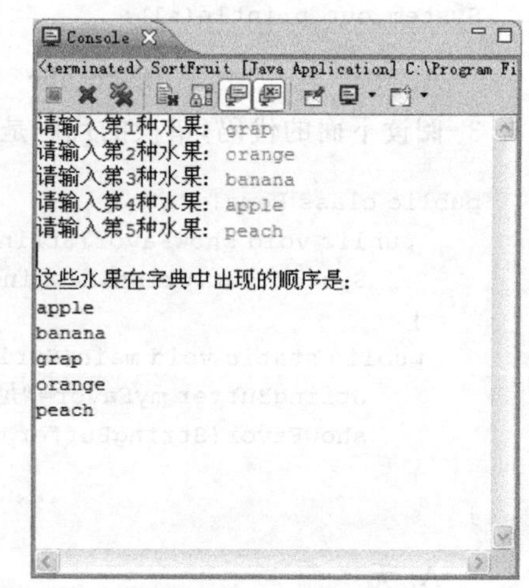

图 8.4　输出水果名称

2. 随机输入一个人的名字,然后分别输出姓氏和名字,运行效果如图 8.5 所示。

提示：使用 String 类的方法提取字符。

3. 按照月/日/年的方法输入一个日期(例如:8/20/2013),然后对字符串进行拆分,打印输出那天是哪年哪月哪日,运行效果如图 8.6 所示。

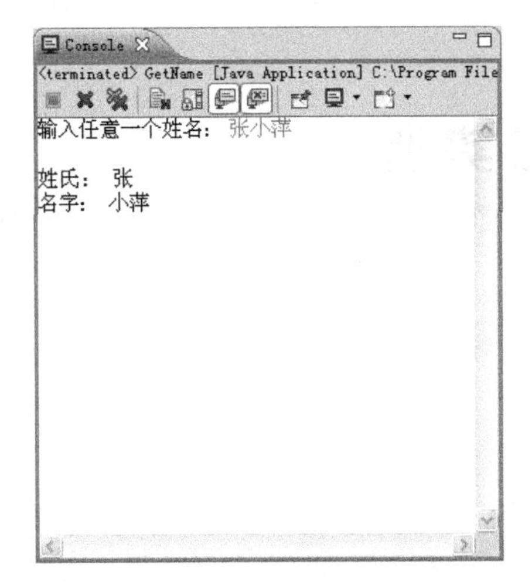

图 8.5 输出姓氏和名字

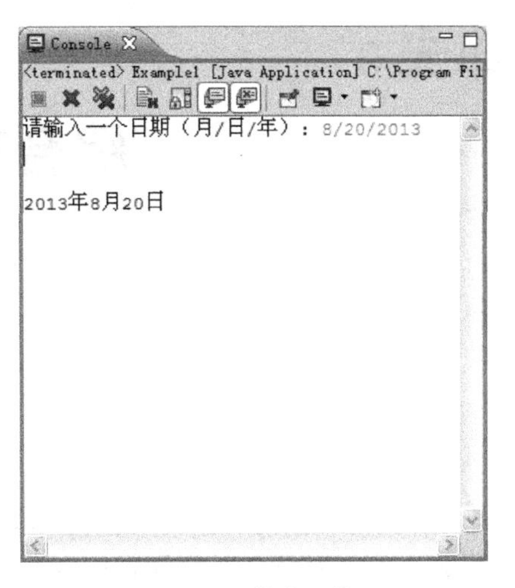

图 8.6 输出日期

单元 9

综合项目实训

Unit 9

经过前述单元1到单元8的Java基础知识学习,读者已经掌握了一系列Java编程的基础技能。为了提高对这些知识的综合应用能力,本单元就通过3个综合项目案例来提升编程技能。

任务9.1 绿之洲书店系统幸运抽奖

需求说明

模拟注册登录幸运抽奖全过程,实现以下功能。

(1) 实现菜单的输出显示功能。

(2) 实现循环执行功能。

(3) 实现注册功能。

(4) 实现登录功能。

(5) 实现幸运抽奖功能。

实现思路

分5个步骤实现以上要求的功能。

步骤1 实现菜单的输出显示功能。

功能说明如下。

(1) 输出菜单。

(2) 选择菜单编号,输出菜单信息。

(3) 如果编号选择错误,输出"您的输入有误!"。

控制台输出如图9.1所示。

步骤2 实现循环执行功能。

功能说明如下。

系统询问用户是否继续。

如果用户选择继续,则可以继续选择菜单;否则程序结束,退出系统。

提示:可以利用do-while循环实现。

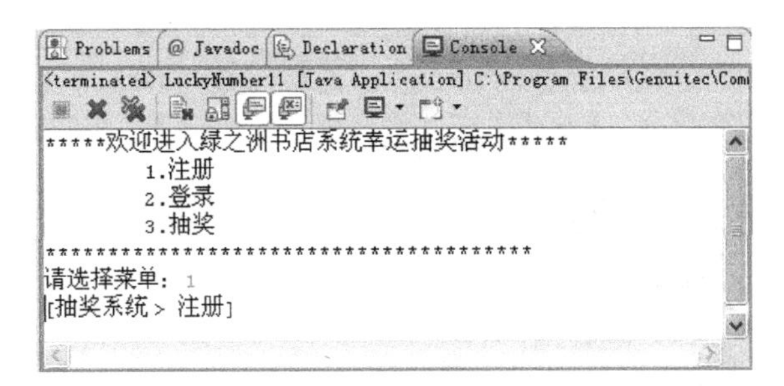

图 9.1　菜单输出

控制台输出如图 9.2 所示。

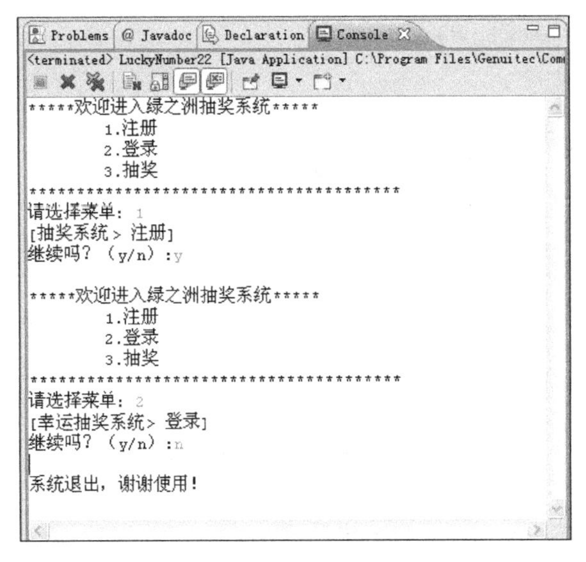

图 9.2　循环执行效果

步骤 3　实现注册功能。

功能说明如下。

输入用户名和密码，系统产生 4 位随机数作为卡号。

注册成功，显示注册信息并修改注册标识为 true。

输出效果如图 9.3 所示。

步骤 4　实现登录功能。

功能说明如下。

输入注册时的用户名和密码，登录成功，系统提示欢迎信息。

如果用户名和密码输入错误，提示用户继续输入，最多有 3 次输入机会。

提示：用 for 循环和多重 if 选择结构实现。

运行效果图如图 9.4 所示。

步骤 5　实现幸运抽奖功能。

功能说明如下。

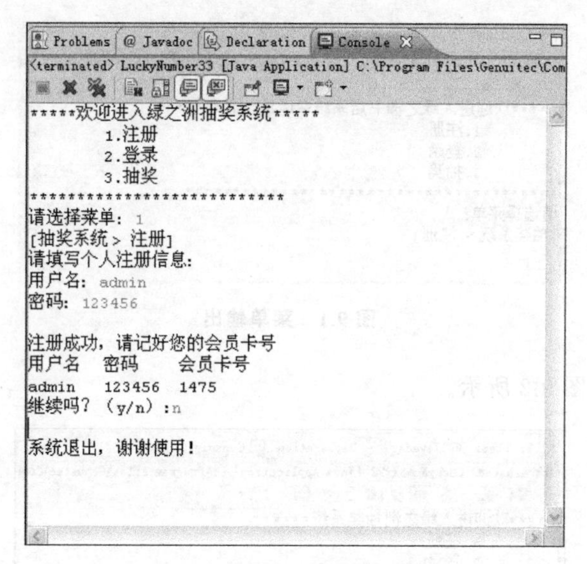

图 9.3 注册功能的运行效果

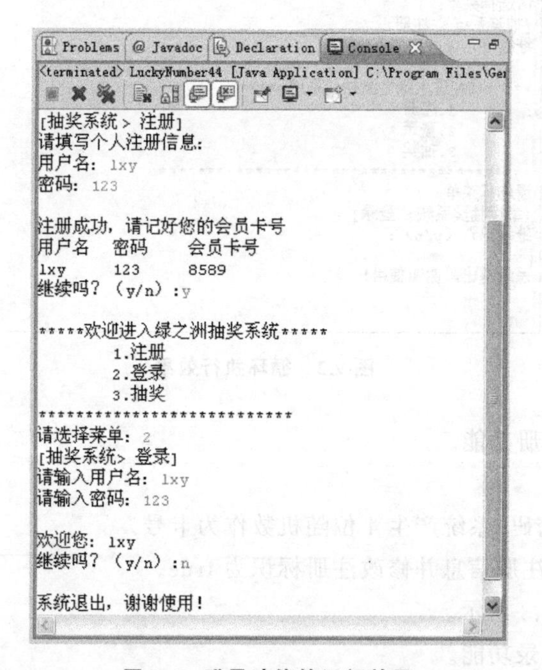

图 9.4 登录功能的运行效果

登录成功后，用户选择幸运抽奖菜单，进入幸运抽奖功能。

输入会员卡号，系统生成 5 个 4 位随机数作为幸运数字。

如果会员卡号是其中之一，则成为本日幸运会员；否则不是幸运会员。

提示：用 for 循环和多重 if 选择结构实现。

运行效果图如图 9.5 所示。

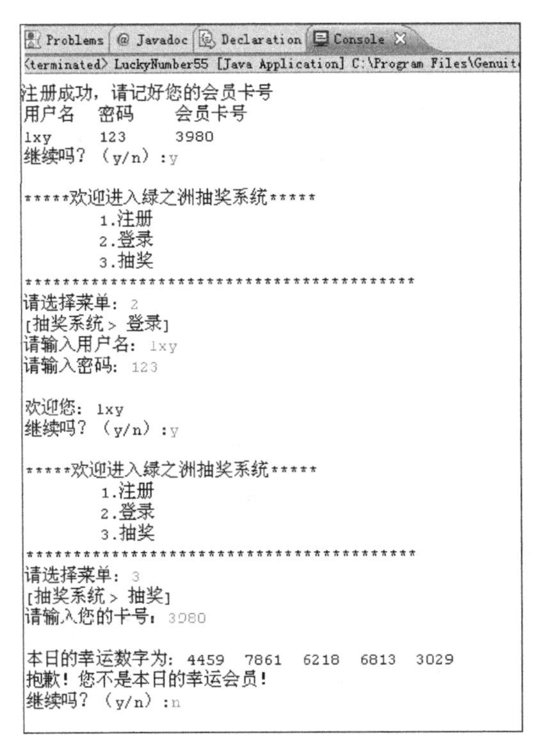

图 9.5 幸运抽奖功能的运行效果

任务 9.2 所得税计算

需求说明

开发基于控制台的雇员所得税计算系统。具体要求如下。

(1) 从控制台读取雇员名称、工资和加班补贴。

(2) 根据工资和加班补贴计算所得税。

(3) 计算完毕输出，输出内容需包括税前收入、税后收入、应纳所得税税额。运行界面如图 9.6 所示。

实现思路

该系统中必须包括两个类，类名及属性设置如下。

(1) 雇员类(Employee)，包含属性有名称(name)、工资(salary)、加班补贴(subsidy)。

(2) 信息输入类(IncomeTax)。

具体要求及推荐实现步骤如下。

步骤 1 创建雇员类，根据业务需要提供需要的构造方法和 setter()/getter()方法。

步骤 2 开发雇员类的计算所得税的方法。

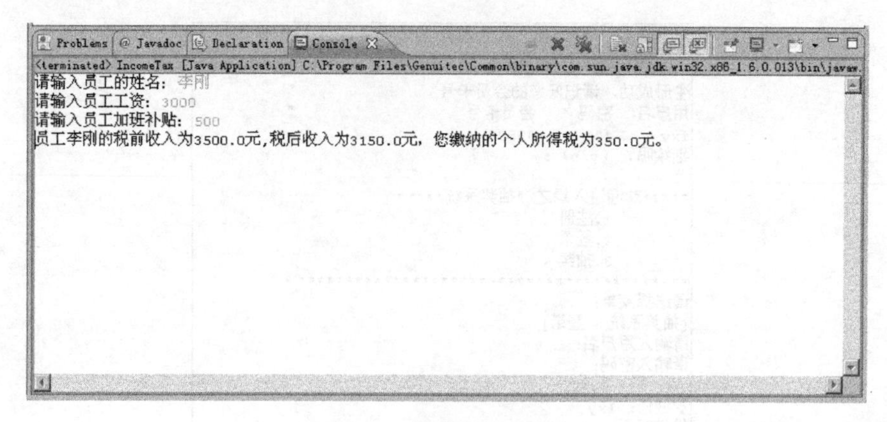

图 9.6　系统运行界面

步骤 3　开发所得税输入类,从控制台获得输入信息。

所得税的计算公式如下。

税前收入＝工资＋加班补贴

税后收入＝税前收入－所得税税额

所得税税额＝应纳税额×税率

当税前收入小于 2000 元时,应纳税额为 0 元;当税前收入大于等于 2000 元时,应纳税额是税前收入－2000 元。

税率的规则见表 9.1。

表 9.1　税率的规则

应纳税额/元	税率/%	应纳税额/元	税率/%
0～500	5	5000～20000	20
500～2000	10	20000 以上	30
2000～5000	15		

任务 9.3　人机猜拳综合练习

需求说明

完成人机猜拳互动游戏的开发,具体要求如下。

(1) 选取对战角色。根据提示,输入用户的姓名,选择猜拳的对手。

(2) 猜拳。开始对战,用户选择出拳,与对手进行比较,提示胜负信息。

(3) 记录分数。每局猜拳结束,获胜一方加 1 分(平局都不加分);停止游戏时,显示对战次数以及对战最终结果。

实现思路

具体实现步骤如下。

步骤 1 分析业务,创建用户类,编写程序入口类。游戏总运行图如图 9.7 所示。人机出拳界面如图 9.8 和图 9.9 所示。

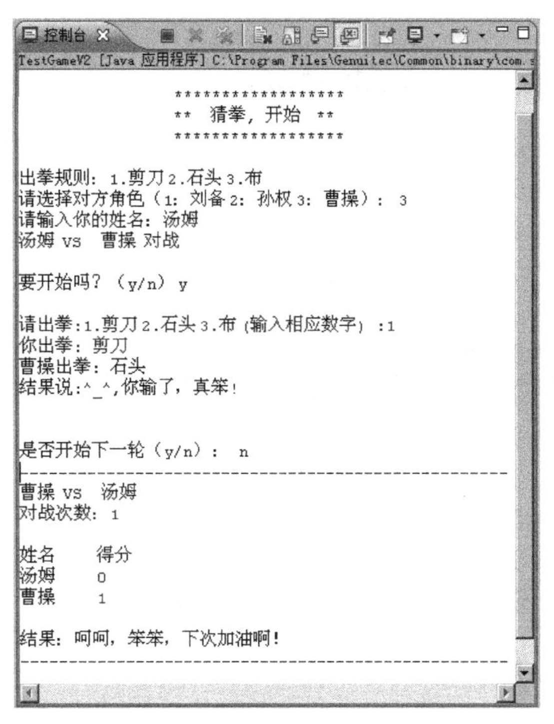

图 9.7 人机猜拳游戏总运行图

步骤 2 创建计算机类,实现计算机出拳。

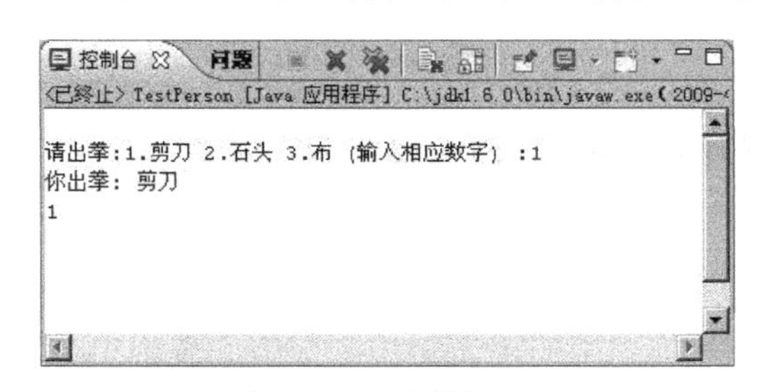

图 9.8 人出拳界面

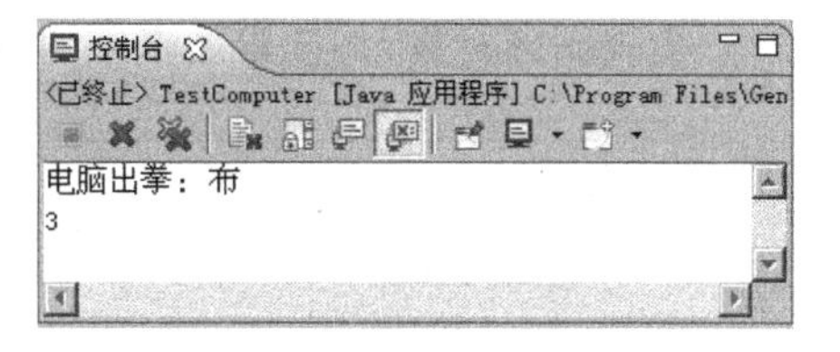

图 9.9 机器出拳界面

步骤 3 创建游戏类,选择对战对手。

(1) 创建游戏类 Game。

(2) 编写游戏类的初始化方法 initial()。

(3) 编写游戏类的开始游戏方法 startGame()。

角色界面如图 9.10 所示。

步骤 4 实现一局对战。

分别调用用户类和计算机类的出拳方法 showFist(),接收返回值并比较,给出胜负结果。

游戏过程界面如图 9.11 所示。

```
控制台 ☒  问题
<已终止> TestGame1 [Java 应用程序] C:\jdk1.6.0\bin\javaw.exe（2009-4-23 上午10:31:45
----------------欢 迎 进 入 游 戏 世 界----------------

                 ******************
                 **  猜拳, 开始    **
                 ******************

出拳规则: 1.剪刀 2.石头 3.布
请选择对方角色（1: 刘备 2: 孙权 3: 曹操）： 1
你选择了刘备对战
```

图 9.10　角色界面

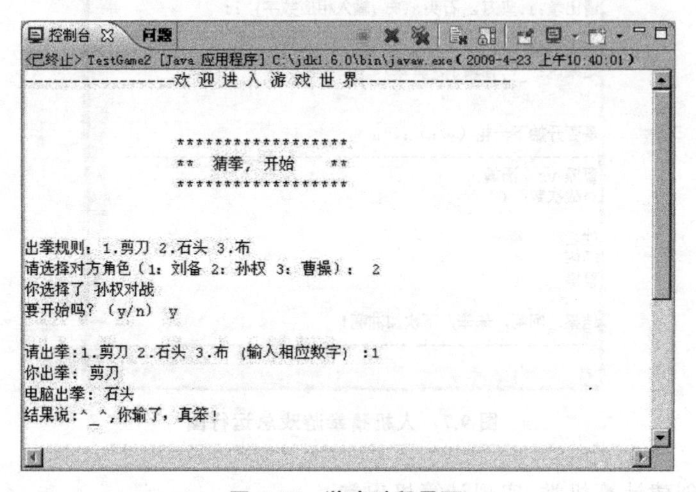

图 9.11　游戏过程界面

步骤 5　实现循环对战,并累计得分。

实现循环对战,并且累加赢家的得分。循环对战界面如图 9.12 所示。

```
出拳规则: 1.剪刀 2.石头 3.布
请选择对方角色（1: 刘备 2: 孙权 3: 曹操）： 3
你选择了 曹操对战

要开始吗?（y/n） y
请出拳:1.剪刀 2.石头 3.布（输入相应数字）:1
你出拳: 剪刀
电脑出拳: 布
结果: 恭喜, 你赢了!

是否开始下一轮（y/n）: y

请出拳:1.剪刀 2.石头 3.布（输入相应数字）:2
你出拳: 石头
电脑出拳: 石头
结果:和局,真衰!嘿嘿,等着瞧吧 !


是否开始下一轮（y/n）: n
```

图 9.12　循环对战界面

步骤 6 游戏结束后，显示对战结果，如图 9.13 所示。

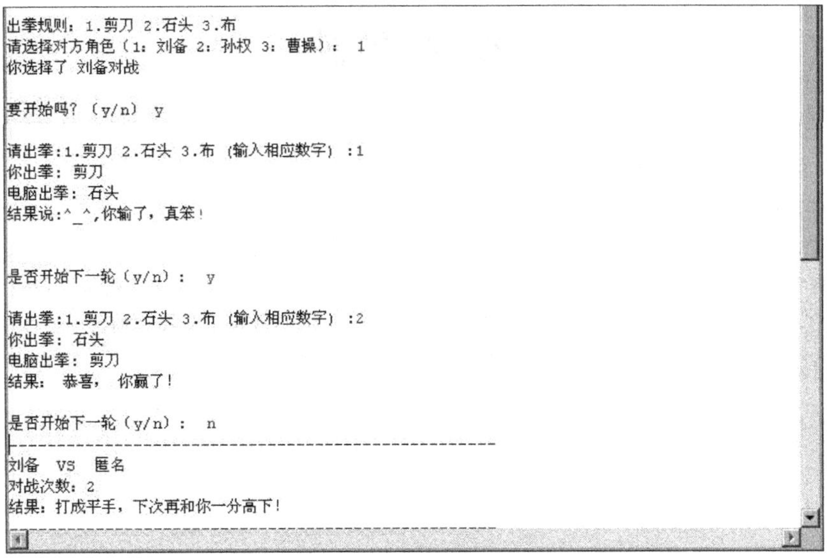

```
出拳规则：1.剪刀 2.石头 3.布
请选择对方角色（1：刘备 2：孙权 3：曹操）： 1
你选择了 刘备对战

要开始吗？（y/n） y

请出拳:1.剪刀 2.石头 3.布 (输入相应数字) :1
你出拳：剪刀
电脑出拳：石头
结果说:^_^,你输了，真笨!


是否开始下一轮（y/n）： y

请出拳:1.剪刀 2.石头 3.布 (输入相应数字) :2
你出拳：石头
电脑出拳：剪刀
结果： 恭喜， 你赢了!

是否开始下一轮（y/n）： n
---------------------------------------------------
刘备 VS 匿名
对战次数：2
结果：打成平手，下次再和你一分高下!
---------------------------------------------------
```

图 9.13 显示对战结果

步骤 7 完善游戏类的 startGame()。

输入并保存用户姓名，游戏结束后显示双方的各自得分，如图 9.14 所示。

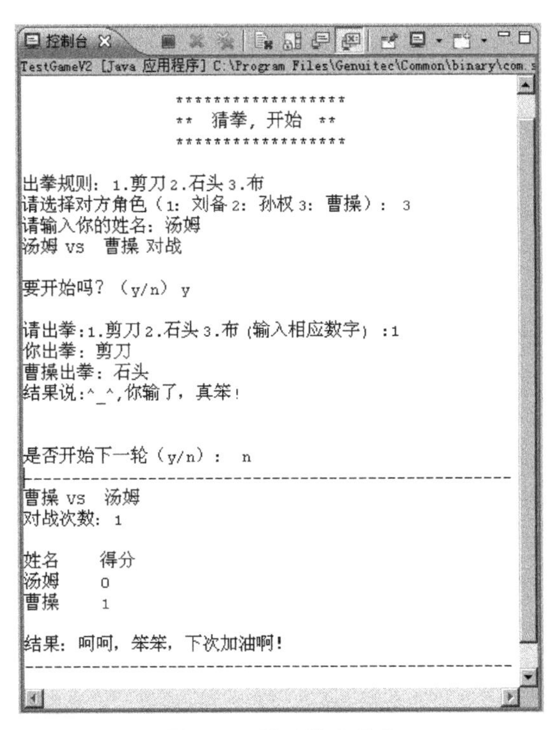

图 9.14 显示游戏得分

参考文献

[1] Kathy Sierra & Bert Bates. Head First Java[M].北京：中国电力出版社，2012.

[2] 刘晓英，曾庆斌.Java 编程入门[M]. 北京：清华大学出版社，2014.

[3] 邱伟江，陆萍. Java 项目教程[M]. 北京：清华大学出版社，2012.

[4] 北京青鸟技术有限公司. 使用 Java 理解程序逻辑[M]. 北京：科学技术文献出版社，2011.

[5] 畦碧霞，蒋卫祥，等. Java 程序设计项目教程[M]. 北京：高等教育出版社，2018.

[6] 黑马程序员. Java 基础入门[M].2 版. 北京：清华大学出版社，2019.

附录 A

JDK、JRE 与 JVM 的区别与联系

Appendix A

很多用户虽然使用 Java 开发很久了，可是对 JDK、JRE、JVM 这三者的联系与区别一直都是模糊的，故撰写本附录来整理它们三者之间的关系。

JDK：Java Development ToolKit(Java 开发工具包)。JDK 是整个 Java 的核心，包括 Java 运行环境(Java Runtime Environment)、一系列 Java 工具(javac/java/jdb 等)和 Java 基础的类库(即 Java API，包括 rt.jar)。

最主流的 JDK 是 SUN 公司发布的 JDK，除了 SUN 之外，还有很多公司和组织都开发了属于自己的 JDK，例如国外 IBM 公司开发了属于自己的 JDK，国内淘宝也开发了属于自己的 JDK，各个组织开发自己的 JDK 都是为了在某些方面得到一些提高，以适应自己的需求，比如 IBM 的 JDK 据说运行效率就比 SUN 的 JDK 高得多。但不管怎么说，还是需要先把基础的 SUN JDK 掌握好。

JDK 有以下 3 种版本：J2SE，Standard Edition，标准版，是通常用的一个版本；J2EE，Enterprise Edition，企业版，使用这种 JDK 开发 J2EE 应用程序；J2ME，Micro Edition，主要用于移动设备、嵌入式设备上的 Java 应用程序。

常常用 JDK 来代指 Java API，Java API 是 Java 的应用程序接口，其实就是前辈们写好的一些 Java Class，包括一些重要的语言结构以及基本图形、网络和文件 I/O 等，程序员在自己的程序中调用前辈们写好的这些 Class 来作为自己开发的一个基础。当然，现在已经有越来越多的性能更好或者功能更强大的第三方类库供使用。

JRE：Java Runtime Environmental(Java 运行时环境)。也就是通常说的 Java 平台，所有的 Java 程序都要在 JRE 下才能运行，包括 JVM、Java 核心类库和支持文件。与 JDK 相比，它不包含开发工具——编译器、调试器和其他工具。

JVM：Java Virtual Mechinal(Java 虚拟机)。JVM 是 JRE 的一部分，它是一台虚构出来的计算机，是通过在实际的计算机上仿真模拟各种计算机功能来实现的。JVM 有自己完善的硬件架构，如处理器、堆栈、寄存器等，还具有相应的指令系统。JVM 的主要工作是解释自己的指令集(即字节码)并映射到本地的 CPU 指令集或供 OS 的系统调用。Java 语言是跨平台运行的，其实就是不同的操作系统使用不同的 JVM 映射规则，让其与操作系统无关，即完成了跨平台性。JVM 对上层的 Java 源文件是不关心的，它关注的只是由源文件生成的类文件(class file)。类文件的组成包括 JVM 指令集、符号表以及一些帮助信息。

附图很好地表示了JDK、JRE、JVM三者间的关系。

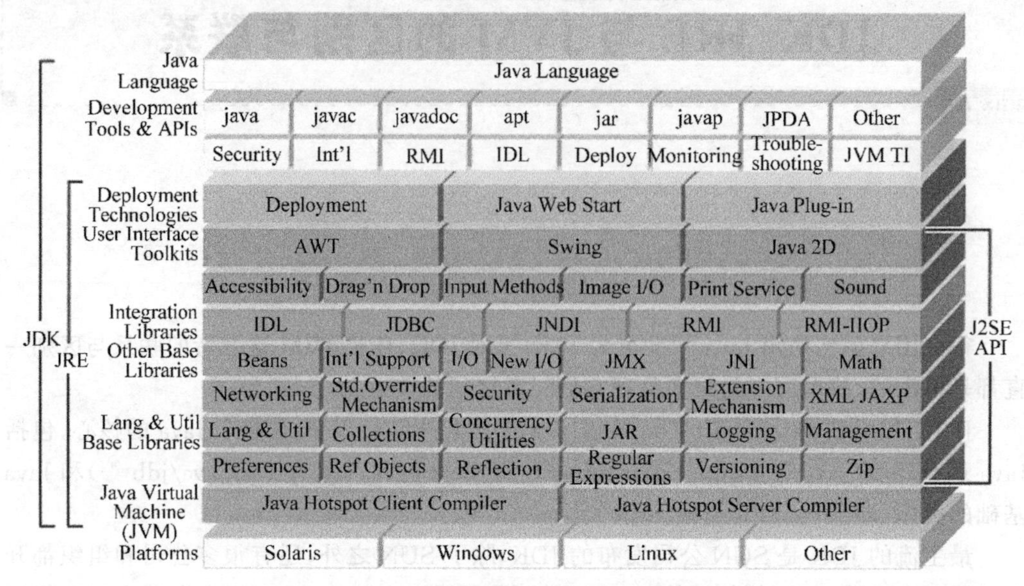

附图 JDK、JRE、JVM三者的关系

程序开发的实际情况是：利用JDK(调用Java API)开发了属于自己的Java程序后，通过JDK中的编译程序(javac)将文本java文件编译成Java字节码，在JRE上运行这些Java字节码，JVM解析这些字节码，映射到CPU指令集或供OS的系统调用。

附录 B

MyEclipse 与 Eclipse 的区别

Appendix B

对于新手来说，MyEclipse 和 Eclipse 的区别可能就是 MyEclipse 比 Eclipse 多了 My，MyEclipse 主要为 Java EE 开发，而 Eclipse 主要为 Java 开发。那么 MyEclipse 和 Eclipse 究竟有哪些区别呢？

1. 性质不同

(1) MyEclipse 一开始只是 Eclipse 的一个插件，相比较来说，还是 Eclipse 的功能比较齐全。但是随着 MyEclipse 的发展，现在它几乎独立于 Eclipse 了。

(2) Eclipse 是一个开放源代码的、基于 Java 的可扩展开发平台。

(3) MyEclipse 集成了很多的插件，一般 Java 的企业应用开发都会使用 MyEclipse。因为对于需要功能以外的插件来说，MyEclipse 比较方便。

2. 收费不同

(1) MyEclipse 是企业级集成开发环境，需要收费。

(2) Eclipse 于 2001 年 11 月贡献给开源社区，由非营利软件供应商联盟 Eclipse 基金会(Eclipse Foundation)管理，是免费的。

但是并不是说免费的就是盗版的，也不是说 MyEclipse 的功能已经远超 Eclipse 了。

3. 支持不同

(1) MyEclipse 支持使用 Java、HTML 和 JQuery 进行编码。

(2) Eclipse 只支持使用 Java 进行编码。

4. 其他

(1) MyEclipse 已经把在开发过程中所有可能会用到的插件都配置完成了，在使用的时候，可以直接调用。Eclipse 没有什么插件，在开发的时候需要哪些插件可以到网上下载，然后导入到项目中使用。

(2) 建 Java EE 项目会选择 MyEclipse，而学习 Android 则使用 Eclipse。一般初学者都会先接触 Eclipse，所以对 Eclipse 比较熟悉。由于这两个软件的界面极为相似，一般会用其中一个之后，另外一个也就会了。

附录 C

Java 编程规则

Appendix C

对 Java 编程的一些基本规则介绍如下。

(1) 类名首字母应该大写。字段、方法以及对象(句柄)的首字母应该小写。对于所有标识符,其中包含的所有单词都应紧靠在一起,而且中间单词的首字母大写。例如:

```
ThisIsAClassName
thisIsMethodOrFieldName
```

若在定义中出现了常数初始化字符,则大写 static final 基本类型标识符中的所有字母。这样便可标志出它们属于编译期的常数。

Java 包(Package)属于一种特殊情况:它们全都是小写字母,即便是中间的单词也是如此。对于域名扩展名称,如 com、org、net 或者 edu 等,全部都应小写(这也是 Java 1.1 和 Java 1.2 的区别之一)。

(2) 为了常规用途而创建一个类时,请采取"经典形式",并包含对下述元素的定义。

```
equals()
hashCode()
toString()
clone()(implement Cloneable)
implement Serializable
```

(3) 对于自己创建的每一个类,都考虑置入一个 main(),其中包含了用于测试该类的代码。为使用一个项目中的类,我们没必要删除测试代码。若进行了任何形式的改动,可方便地返回测试。这些代码也可作为如何使用类的一个示例使用。

(4) 应将方法设计成简要的、功能性单元,用它描述和实现一个不连续的类接口部分。理想情况下,方法应简明扼要。若长度很大,可考虑通过某种方式将其分割成较短的几个方法。这样做也便于类内代码的重复使用(有些时候,方法必须非常大,但它们仍应只做同样的一件事情)。

(5) 设计一个类时,请设身处地为客户程序员考虑一下(类的使用方法应该是非常明确的)。然后,再设身处地为管理代码的人考虑一下(预计有可能进行哪些形式的修改,想想用什么方法可把它们变得更简单)。

(6) 使类尽可能短小精悍,而且只解决一个特定的问题。下面是对类设计的一些建议。

① 一个复杂的开关语句：考虑采用“多形”机制。

② 数量众多的方法涉及类型差别极大的操作：考虑用几个类来分别实现。

③ 许多成员变量在特征上有很大的差别：考虑使用几个类。

(7) 让一切东西都尽可能地“私有”(private)。可使库的某一部分“公共化”(一个方法、类或者一个字段等)，就永远不能把它拿出。若强行拿出，就可能破坏其他人现有的代码，使他们不得不重新编写和设计。若只公布自己必须公布的，就可放心大胆地改变其他任何代码。在多线程环境中，隐私是特别重要的一个因素——只有 private 字段才能在非同步使用的情况下受到保护。

(8) 警惕“巨大对象综合征”。对一些习惯于顺序编程思维且初涉 OOP 领域的新手，往往喜欢先写一个顺序执行的程序，再把它嵌入一个或两个巨大的对象里。根据编程原理，对象表达的应该是应用程序的概念，而非应用程序本身。

(9) 若不得已进行一些不太雅观的编程，至少应该把那些代码置于一个类的内部。

(10) 任何时候只要发现类与类之间结合得非常紧密，就需要考虑是否采用内部类，从而改善编码及维护工作。

(11) 尽可能细致地加上注释，并用 javadoc 注释文档语法生成自己的程序文档。

(12) 避免使用“魔术数字”，这些数字很难与代码很好地配合。如以后需要修改它，无疑会成为一场噩梦，因为根本不知道“100”到底是指“数组大小”还是“其他全然不同的东西”。所以，我们应创建一个常数，并为其使用具有说服力的描述性名称，并在整个程序中都采用常数标识符。这样可使程序更易于理解以及更易于维护。

(13) 涉及构建器和异常的时候，通常希望重新丢弃在构建器中捕获的任何异常——如果它造成了那个对象的创建失败。这样一来，调用者就不会以为那个对象已被正确地创建，从而盲目地继续。

(14) 当客户程序员用完对象以后，若你的类要求进行任何清除工作，可考虑将清除代码置于一个良好定义的方法里，采用类似于 cleanup()这样的名字，明确表明自己的用途。除此以外，可在类内放置一个 boolean(布尔)标记，指出对象是否已被清除。在类的 finalize()方法里，请确定对象已被清除，并已丢弃了从 RuntimeException 继承的一个类(如果还没有的话)，从而指出一个编程错误。在采取像这样的方案之前，请确定 finalize()能够在自己的系统中工作(可能需要调用 System.runFinalizersOnExit(true)，从而确保这一行为)。

(15) 在一个特定的作用域内，若一个对象必须清除，请采用下述方法：初始化对象；若成功，则立即进入一个含有 finally 从句的 try 块，开始清除工作。

(16) 若在初始化过程中需要覆盖(取消)finalize()，请记住调用 super.finalize()(若 Object 属于我们的直接超类，则无此必要)。在对 finalize()进行覆盖的过程中，对 super.finalize()的调用应属于最后一个行动，而不应是第一个行动，这样可确保在需要基础类组件的时候它们依然有效。

(17) 创建大小固定的对象集合时，请将它们传输至一个数组(若准备从一个方法里返回这个集合，更应如此操作)。这样一来，我们就可享受到数组在编译期进行类型检查的好处。此外，为使用它们，数组的接收者也许并不需要将对象“造型”到数组里。

(18) 尽量使用interfaces(接口),不要使用abstract类。若已知某样东西准备成为一个基础类,那么第一个选择应是将其变成一个interface。只有在不得不使用方法定义或者成员变量的时候,才需要将其变成一个abstract(抽象)类。接口主要描述了客户希望做什么事情,而一个类则致力于(或允许)具体的实施细节。

(19) 在构建器内部,只进行那些将对象设为正确状态所需的工作。尽可能地避免调用其他方法,因为那些方法可能被其他人覆盖或取消,从而在构建过程中产生不可预知的结果。

(20) 对象不应只是简单地容纳一些数据;它们的行为也应得到良好的定义。

(21) 在现成类的基础上创建新类时,请首先选择"新建"或"创作"。只有自己的设计要求必须继承时,才应考虑这方面的问题。若在本来允许新建的场合使用了继承,则整个设计会变得没有必要地复杂。

(22) 用继承及方法覆盖来表示行为间的差异,而用字段表示状态间的区别。一个非常极端的例子是通过对不同类的继承来表示颜色,这是绝对应该避免的:应直接使用一个"颜色"字段。

(23) 为避免编程时遇到麻烦,请保证在自己类路径指到的任何地方,每个名字都仅对应一个类。否则,编译器可能先找到同名的另一个类,并报告出错消息。若怀疑自己碰到了类路径问题,请试试在类路径的每一个起点搜索一下同名的.class文件。

(24) 在Java 1.1 AWT中使用事件"适配器"时特别容易碰到一个陷阱:若覆盖了某个适配器方法,同时拼写方法没有特别讲究,最后的结果就是新添加一个方法,而不是覆盖现成方法。然而,由于这样做是完全合法的,所以不会从编译器或运行期系统获得任何出错提示——只不过代码的工作就变得不正常了。

(25) 用合理的设计方案消除"伪功能"。也就是说,假若只需要创建类的一个对象,就不要提前限制自己使用应用程序,并加上一条"只生成其中一个"注释。请考虑将其封装成一个"独生子"的形式。若在主程序里有大量散乱的代码,用于创建自己的对象,请考虑采纳一种创造性的方案,将这些代码封装起来。

(26) 警惕"分析瘫痪"。请记住,无论如何都要提前了解整个项目的状况,再去考察其中的细节。由于把握了全局,可快速认识自己未知的一些因素,防止在考查细节的时候陷入"死逻辑"中。

(27) 警惕"过早优化"。首先让它运行起来,再考虑变得更快。但只有在自己必须这样做而且经证实在某部分代码中的确存在一个性能瓶颈的时候,才应进行优化。除非用专门的工具分析瓶颈,否则很有可能是在浪费自己的时间。性能提升的隐含代价是自己的代码变得难以理解,而且难以维护。

(28) 请记住,阅读代码的时间比写代码的时间多得多。思路清晰的设计可获得易于理解的程序,但注释、细致的解释以及一些示例往往具有不可估量的价值。无论对你自己,还是对后来的人,它们都是相当重要的。如对此仍有怀疑,那么请试想自己试图从联机Java文档里找出有用信息时碰到的挫折,这样或许能将你说服。

(29) 如认为自己已进行了良好的分析、设计或者实施,那么请稍微更换一下思维角度。试试邀请一些外来人士,并不一定是专家,但可以是来自本公司其他部门的人。请他们用完全新鲜的眼光考查你的工作,看看是否能找出你一度熟视无睹的问题。采取这种方式,往往能在最适合修改的阶段找出一些关键性的问题,避免产品发行后再解决问题而造成的金钱及精力方面的损失。

(30)良好的设计能带来最大的回报。简言之,对于一个特定的问题,通常会花较长的时间才能找到一种最恰当的解决方案。但一旦找到了正确的方法,以后的工作就轻松多了,再也不用经历数小时、数天或者数月的痛苦挣扎。我们的努力工作会带来最大的回报(甚至无可估量)。而且由于自己倾注了大量心血,最终获得一个出色的设计方案,成功的快感也是令人心动的。坚持抵制草草完工的诱惑,那样做往往得不偿失。

附录 D

JDK 历史版本轨迹

下表列出了从 Java 诞生以来直到 2019 年 9 月发布的 JDK 13 为止的全部更新版本、发布日期和关键的更新内容。文中提及的绝大部分的 JDK 历史版本(JDK 1.1.6 之后的版本)以及 JDK 附带的各种工具的历史版本都可以从 Oracle 公司的归档网站[1]下载。

主版本	子版本及虚拟机版本	发布日期
JDK 1.0	JDK 1.0	1996-01-23
	JDK 1.0.1	
	JDK 1.0.2	
JDK 1.1	JDK 1.1.0	1997-02-18
	JDK 1.1.1	
	JDK 1.1.2	
	JDK 1.1.3	
	JDK 1.1.4：工程代号 Sparkler	1997-09-12
	JDK 1.1.5：工程代号 Pumpkin	1997-12-03
	JDK 1.1.6：工程代号 Abigail	1998-04-24
	JDK 1.1.7：工程代号 Brutus	1998-09-28
	JDK 1.1.8：工程代号 Chelsea	1999-04-08
JDK 1.2	JDK 1.2.0：工程代号 Playground	1998-12-04
	JDK 1.2.1	1999-03-30
	JDK 1.2.2：工程代号 Cricket	1999-07-08

[1] 下载页面地址：http://www.oracle.com/technetwork/java/archive-139210.html.

续表

主版本	子版本及虚拟机版本	发布日期
JDK 1.3	JDK 1.3.0：工程代号 Kestrel(HotSpot 1.3.0-C)	2000-05-08
	JDK 1.3.0 Update 1(HotSpot 1.3.0_01)	
	JDK 1.3.0 Update 2(HotSpot 1.3.0_02)	
	JDK 1.3.0 Update 3(HotSpot 1.3.0_03)	
	JDK 1.3.0 Update 4(HotSpot 1.3.0_04)	
	JDK 1.3.0 Update 5(HotSpot 1.3.0_05)	
	JDK 1.3.1：工程代号 Ladybird(HotSpot 1.3.1)	2001-05-17
	JDK 1.3.1 Update 1(HotSpot 1.3.1_01)	
	JDK 1.3.1 Update 1a(HotSpot 1.3.1_01a)	
	JDK 1.3.1 Update 2(HotSpot 1.3.1_02)	
	JDK 1.3.1 Update 3(HotSpot 1.3.1_03)	
	JDK 1.3.1 Update 4(HotSpot 1.3.1_04)	
	JDK 1.3.1 Update 5(HotSpot 1.3.1_05)	
	JDK 1.3.1 Update 6(HotSpot 1.3.1_06)	
	JDK 1.3.1 Update 7(HotSpot 1.3.1_07)	
	JDK 1.3.1 Update 8(HotSpot 1.3.1_08)	
	JDK 1.3.1 Update 9(HotSpot 1.3.1_09)	
	JDK 1.3.1 Update 10(HotSpot 1.3.1_10)	
	JDK 1.3.1 Update 11(HotSpot 1.3.1_11)	
	JDK 1.3.1 Update 12(HotSpot 1.3.1_12)	
JDK 1.4	JDK 1.4.0：工程代号 Merlin(HotSpot 1.4.0)	2002-02-13
	JDK 1.4.0 Update 1(HotSpot 1.4.0_01)	
	JDK 1.4.0 Update 2(HotSpot 1.4.0_02)	
	JDK 1.4.0 Update 3(HotSpot 1.4.0_03)	
	JDK 1.4.0 Update 4(HotSpot 1.4.0_04)	
	JDK 1.4.1：工程代号 Grasshopper(HotSpot 1.4.1)	2002-09-16
	JDK 1.4.1 Update 1(HotSpot 1.4.1_01)	
	JDK 1.4.1 Update 2(HotSpot 1.4.1_02)	
	JDK 1.4.1 Update 3(HotSpot 1.4.1_03)	
	JDK 1.4.1 Update 4(HotSpot 1.4.1_04)	
	JDK 1.4.1 Update 5(HotSpot 1.4.1_05)	
	JDK 1.4.1 Update 6(HotSpot 1.4.1_06)	
	JDK 1.4.1 Update 7(HotSpot 1.4.1_07)	
	JDK 1.4.2：工程代号 Mantis(HotSpot 1.4.2-b28)	2003-06-26
	JDK 1.4.2 Update 1(HotSpot 1.4.2_01)	

续表

主版本	子版本及虚拟机版本	发布日期
JDK 1.4	JDK 1.4.2 Update 2(HotSpot 1.4.2_02)	
	JDK 1.4.2 Update 3(HotSpot 1.4.2_03)	
	JDK 1.4.2 Update 4(HotSpot 1.4.2_04)	
	JDK 1.4.2 Update 5(HotSpot 1.4.2_05)	
	JDK 1.4.2 Update 6(HotSpot 1.4.2_06)	
	JDK 1.4.2 Update 7(HotSpot 1.4.2_07)	
	JDK 1.4.2 Update 8(HotSpot 1.4.2_08-b03)	
	JDK 1.4.2 Update 9(HotSpot 1.4.2_09-b05)	
	JDK 1.4.2 Update 10(HotSpot 1.4.2_10-b03)	
	JDK 1.4.2 Update 11(HotSpot 1.4.2_11-b06)	
	JDK 1.4.2 Update 12(HotSpot 1.4.2_12-b03)	
	JDK 1.4.2 Update 13(HotSpot 1.4.2_13-b03)	
	JDK 1.4.2 Update 14(HotSpot 1.4.2_14-b05)	
	JDK 1.4.2 Update 15(HotSpot 1.4.2_15-b02)	
	JDK 1.4.2 Update 16(HotSpot 1.4.2_16-b01)	
	JDK 1.4.2 Update 17(HotSpot 1.4.2_17-b06)	
	JDK 1.4.2 Update 18(HotSpot 1.4.2_18-b06)	
	JDK 1.4.2 Update 19(HotSpot 1.4.2_19-b04) JDK 1.4 开放资源和安全性更新于 2008 年 10 月终止。Oracle 客户的付费的安全性更新也在 2013 年 2 月终止	
JDK 5.0	JDK 5.0：工程代号 Tiger(HotSpot 1.5.0-b64)	2004-09-29
	JDK 5.0 Update 1(HotSpot 1.5.0_01) 此版本包括 50 个漏洞修复	2004-12-25
	JDK 5.0 Update 2(HotSpot 1.5.0_02-b09) 此版本包括一些中断问题的修复、日历漏洞修复和其他漏洞修复	2005-03-16
	JDK 5.0 Update 3(HotSpot 1.5.0_03-b07) 此版本修复了一些漏洞，包含在 Linux Mozilla 外挂的中断性问题	2005-05-03
	JDK 5.0 Update 4(HotSpot 1.5.0_04-b05) 此版本支持 Windows Server 2003 x64 以 AMD64/EM64T 64 位模式运行	2005-07-04
	JDK 5.0 Update 5(HotSpot 1.5.0_05-b05) 此版本是对 Windows 95 和 Windows NT 4.0 最后的更新	2005-09-18
	JDK 5.0 Update 6(HotSpot 1.5.0_06-b05) 此版本移除了 Java Applet 或应用程序自行选择运行的 JRE 版本的功能	2005-12-07
	JDK 5.0 Update 7(HotSpot 1.5.0_07-b03)	2006-05-29
	JDK 5.0 Update 8(HotSpot 1.5.0_08-b03)	2006-08-13
	JDK 5.0 Update 9(HotSpot 1.5.0_09-b03)	2006-11-12
	JDK 5.0 Update 10(HotSpot 1.5.0_10-b02) 此版本添加了由 Linux 2.6 内核提供的 Epoll I/O 事件通知	2006-12-22

续表

主版本	子版本及虚拟机版本	发布日期
JDK 5.0	JDK 5.0 Update 11(HotSpot 1.5.0_11-b03)	2007-03-08
	JDK 5.0 Update 12(HotSpot 1.5.0_12-b04)	2007-06-11
	JDK 5.0 Update 13(HotSpot 1.5.0_13-b01) 此版本修复了多个 Java Web Start 中与本地文件访问相关的安全漏洞；修复了允许绕过网络进入限制的 JRE 中的安全漏洞；修复了其他安全问题	2007-10-05
	JDK 5.0 Update 14(HotSpot 1.5.0_14-b03)	
	JDK 5.0 Update 15(HotSpot 1.5.0_15-b04) 此版本修复了因缓冲堆溢出而导致的几个崩溃漏洞以及其他一些小漏洞。来自 AOL、DigiCert 和 TrustCenter 的新的根证书已经被包含在内 JDK 内	2008-03-06
	JDK 5.0 Update 16(HotSpot 1.5.0_16-b02) 此版本修复了几个安全漏洞、例如 DoS 漏洞、缓冲器溢出和其他可能导致系统崩溃的漏洞。这些主要漏洞位于 Java Web Start、JMX 管理代理以及用于处理 XML 数据的函数中	2008-07-23
	JDK 5.0 Update 17(HotSpot 1.5.0_17-b04) 此版本更新了 UTF-8 字符集，改为以非最短形式处理 UTF-8 字节序列，从而引入了与以前版本不兼容的问题；添加了新的根证书	2008-12-03
	JDK 5.0 Update 18(HotSpot 1.5.0_18-b02) 此版本解决了若干个安全问题；增加了在 LDAP 目录中访问 Java 对象的行为的 JNDI 功能；增加了 5 个新的根证书	2009-03-25
	JDK 5.0 Update 19(HotSpot 1.5.0_19-b02) 此版本为多个系统配置提供支持；增加了服务标签(Service Tag)支持	2009-05-29
	JDK 5.0 Update 20(HotSpot 1.5.0_20-b02) 此版本解决了几个安全漏洞，例如不受信任的小程序的潜在系统访问，以及图像处理和 Unpack 200 中的整数溢出；添加了几个新的根证书	2009-08-06
	JDK 5.0 Update 21(HotSpot 1.5.0_21-b01)	2009-09-09
	JDK 5.0 Update 22(HotSpot 1.5.0_22-b03) 此版本标记 Java 5 的支持周期已经终结(End of Service Life，EOSL)，是其最终的公开版本；增加了两个新的根证书	2009-11-04
	JDK 5.1：工程代号 Dragonfly	取消发布
JDK 6	JDK 6：工程代号 Mustang(HotSpot 1.6.0-b105) 此版本在 Web 服务、脚本和数据库、可插入的注解、安全性以及质量、兼容性和稳定性等领域增强了许多功能。也正式支持 JConsole，增加了对 Java DB 的支持。 继 JDK 1.4 变成 JDK 5.0 修改了版本号后，从 JDK 5.0 到 JDK 6 也去掉了版本号中的“.0”	2006-12-11
	JDK 6 Update 1(HotSpot 1.6.0_01-b06)	2007-05-07
	JDK 6 Update 2	2007-07-03
	JDK 6 Update 3	2007-10-03
	JDK 6 Update 4(HotSpot 10.0-b19)	2008-01-14

续表

主版本	子版本及虚拟机版本	发布日期
JDK 6	JDK 6 Update 5(HotSpot 10.0-b19) 此版本消除了几个安全漏洞；增加了来自 AOL、DigiCert 和 TrustCenter 的新的根证书	2008-03-05
	JDK 6 Update 6 此版本引入了对 Xlib/XCB 锁定断言问题的解决方法；修复了以 LoginContext 使用 Kerberos 认证时内存泄漏的问题	2008-04-16
	JDK 6 Update 7(HotSpot 10.0-b23) Java SE 6 Update 7 是在 Windows 9x 系列操作系统上正常工作的 Java 的最后一个版本	
	JDK 6 Update 10(HotSpot 11.0-b15)	2008-10-15
	JDK 6 Update 11	2008-12-03
	JDK 6 Update 12 此版本提供 64 位的 Java 插件；支持 Windows Server 2008；改进了图形和 Java FX 应用程序的性能	2008-12-12
	JDK 6 Update 13(HotSpot 11.3-b02) 此版本修复了 7 个安全性漏洞；修改了 JNDI 访问 LDAP 中的 Java 对象；添加了 4 个新的根证书	2009-03-24
	JDK 6 Update 14(HotSpot 14.0-b16) 此版本包括对 JIT 编译器的大量性能更新，支持用于 64 位机器的压缩指针，以及改进对 G1(Garbage First)低暂停的垃圾回收器的支持	2009-05-28
	JDK 6 Update 15(HotSpot 14.1-b02) 此版本加入了 Patch-In-Place 功能	2009-08-04
	JDK 6 Update 16(HotSpot 14.2-b01) 此版本修复了 Update 14 中导致调试器错过断点的问题	2009-08-11
	JDK 6 Update 17(HotSpot 14.3-b01)	2009-11-04
	JDK 6 Update 18(HotSpot 16.0-b13) 此版本支持 Ubuntu 8.04 LTS 桌面版、SLES 11、Windows 7、Red Hat Enterprise Linux 5.3、Firefox 3.6、Visual VM 1.2；更新了 Java DB；还包含许多性能改进	2010-01-13
	JDK 6 Update 19(HotSpot 16.2-b04) 此版本修复了安全性漏洞；改动了根证书：增加 7 个，删除 3 个，5 个替换为更强的签署算法；临时修补了对 TLS 重新谈判攻击	2010-03-30
	JDK 6 Update 20(HotSpot 16.3-b01)	2010-04-15
	JDK 6 Update 21(HotSpot 17.0-b17) 此版本支持 Red Hat Enterprise Linux 5.4 和 5.5；Oracle Enterprise Linux 4.8、5.4、5.5；Google Chrome 4 与客制读取进度指示器(Customized Loading Progress Indicators)；Visual VM 1.2.2	2010-07-10
	JDK 6 Update 22(HotSpot 17.1-b03) 此版本修补了 29 个安全性漏洞；支持 RFC 5746	2010-10-12
	JDK 6 Update 23(HotSpot 19.0-b09)	2010-12-08

续表

主版本	子版本及虚拟机版本	发布日期
JDK 6	JDK 6 Update 24	2011-02-15
	JDK 6 Update 25(HotSpot 20.0) 此版本支持 Internet Explorer 9、Firefox 4 和 Chrome 10;改进了 BigDecimal;支持分层编译	2011-03-21
	JDK 6 Update 26 此版本包括 17 个新的安全性漏洞修补;最新的版本能够和 Windows Vista SP1 兼容	2011-06-07
	JDK 6 Update 27 此版本没有安全性漏洞修复;给 Firefox 5 提供新证书	2011-08-16
	JDK 6 Update 29	2011-10-18
	JDK 6 Update 30 此版本没有安全性漏洞修复;支持 Red Hat Enterprise Linux 6	2011-12-12
	JDK 6 Update 31	2012-02-14
	JDK 6 Update 32	2012-04-26
	JDK 6 Update 33 此版本改善 Java 虚拟机配置文件的读取	2012-06-12
	JDK 6 Update 34	2012-08-14
	JDK 6 Update 35	2012-08-30
	JDK 6 Update 37	2012-10-16
	JDK 6 Update 38	2012-12-11
	JDK 6 Update 39	2013-02-01
	JDK 6 Update 41	2013-02-19
	JDK 6 Update 43	2013-03-04
	JDK 6 Update 45 这个补丁是 JDK 6 的最后一个公开更新,此后的更新包不能再从 Oracle 中下载获得	2013-04-16
	JDK 6 Update 51 此版本只能通过 Java SE Support 计划获取,或者在 Apple Update for OS X Snow Leopard、Lion 和 Mountain Lion 中提供;包含 40 个安全性漏洞修复	2013-06-18
	JDK 6 Update 65	2013-10-15
	JDK 6 Update 71	2014-01-14
	JDK 6 Update 75 此版本只能通过 Java SE Support 计划和 Solaris 10 的 Recommended Patch Set Cluster 提供;包含 25 个安全性漏洞修复	2014-04-15
	JDK 6 Update 81	2014-07-15
	JDK 6 Update 85	2014-10-16
	JDK 6 Update 91	2015-01-21
	JDK 6 Update 95	2015-04-14

续表

主版本	子版本及虚拟机版本	发布日期
JDK 6	JDK 6 Update 101	2015-07-15
	JDK 6 Update 105	2015-10-20
	JDK 6 Update 111	2016-01-20
	JDK 6 Update 113	2016-02-05
	JDK 6 Update 115	2016-04-21
	JDK 6 Update 121	2016-07-19
	JDK 6 Update 131 在 2016 年 10 月,Java 6 所有公开和非公开的更新计划(包括安全更新)都被停止	2016-10-18
JDK 7	JDK 7：工程代号 Dolphin(HotSpot 21)	2011-07-28
	JDK 7 Update 1 此版本包含 20 个安全漏洞修补和其他漏洞修补	2011-10-18
	JDK 7 Update 2(HotSpot 22) 此版本改进可靠性和性能;支持 Solaris 11 和 Firefox 5 之后的版本;改善了网页部署的应用程序	2011-12-12
	JDK 7 Update 3	2012-02-14
	JDK 7 Update 4(HotSpot 23) 此版本正式支持 Mac OS X	2012-04-26
	JDK 7 Update 5	2012-06-12
	JDK 7 Update 6 Java FX 和 Java Access Bridge 包含在标准的 Java SE JDK 和 JRE 安装包里面,Java FX 支持触屏和触摸板,Java FX 支持 Linux,JDK 和 JRE 完全支持 Mac OS X,JDK 在 ARM 上支持 Linux 系统	2012-08-14
	JDK 7 Update 7	2012-08-30
	JDK 7 Update 9	2012-10-16
	JDK 7 Update 10 此版本包含新的安全性功能,例如,禁用任何 Java 应用程序在浏览器中运行的能力,当 JRE 处于不安全状况时发出警告的新对话框;修复漏洞	2012-11-20
	JDK 7 Update 11 此版本修复安装了 Java FX 的独立版本的系统上的插件注册问题,Java Applet 和 Web 引导应用程序的默认安全级别已从“中”增加到“高”	2013-01-13
	JDK 7 Update 13	2013-02-01
	JDK 7 Update 15	2013-02-19
	JDK 7 Update 17	2013-03-04
	JDK 7 Update 21 此版本包括 42 个安全漏洞修补,增加了新的不包含插件的服务器 JRE 以及以 ARM 架构运行的 Linux 上的 JDK	2013-04-16
	JDK 7 Update 25	2013-06-18

续表

主版本	子版本及虚拟机版本	发布日期
JDK 7	JDK 7 Update 40 此版本包括 621 个漏洞修补；增加了新的安全性功能、hardfloat ARM；发布 Java Mission Control 5.2；提供 Retina Display 支持	2013-09-10
	JDK 7 Update 45 此版本包括 51 个安全漏洞修补；防止 Java 应用程序在未经授权时重新分发；恢复安全提示；JAXP 发生变化；修改了 TimeZone.setDefault	2013-10-15
	JDK 7 Update 51 此版本包括 36 个安全漏洞修补；屏蔽没有表明身份的 Java Applet	2014-01-14
	JDK 7 Update 55	2014-04-15
	JDK 7 Update 60 此版本发布 Java Mission Control 5.3	2014-05-28
	JDK 7 Update 65	2014-07-15
	JDK 7 Update 67	2014-08-04
	JDK 7 Update 71	2014-10-14
	JDK 7 Update 72 此版本与 Update 71 发布日期相同，作为 Java SE 7 的相对应补丁集更新(Patch Set Update，PSU)；包含 36 个漏洞修补	2014-10-14
	JDK 7 Update 75 SSLv3 默认为禁用	2015-01-20
	JDK 7 Update 76 此版本与 Update 75 发布日期相同，作为 Java SE 7 的相对应补丁集更新(Patch Set Update，PSU)；包含 97 个漏洞修补	2015-01-20
	JDK 7 Update 79	2015-04-14
	JDK 7 Update 80 此版本为 Java 7 的最后一个公开版本；与 Update 79 发布日期相同，作为 Java SE 7 的相对应补丁集更新(Patch Set Update，PSU)；包含 104 个漏洞修补	2015-04-14
	JDK 7 Update 85 此后的更新都不再公开，只能通过 Java SE Support 计划和 Solaris 10 的 Recommended Patch Set Cluster 提供	2015-07-15
	JDK 7 Update 91	2015-10-20
	JDK 7 Update 95	2016-01-19
	JDK 7 Update 97	2016-02-05
	JDK 7 Update 99	2016-03-23
	JDK 7 Update 101	2016-04-18
	JDK 7 Update 111	2016-07-19
	JDK 7 Update 121	2016-10-18

续表

主版本	子版本及虚拟机版本	发布日期
JDK 8	JDK 8 官方声明 JDK 8 不再支持 Windows XP,但实际上 JDK 8 Update 25 前的版本仍然可以在 Windows XP 安装和运行	2014-03-18
	JDK 8 Update 5	2014-04-15
	JDK 8 Update 11 此版本包含 Java 依赖性分析工具(Java Dependency Analysis Tool);包含 18 个安全性漏洞修补和 15 个漏洞修补	2014-07-15
	JDK 8 Update 20 此版本发布 Java Mission Control 5.4	2014-08-19
	JDK 8 Update 25	2014-10-14
	JDK 8 Update 31	2015-01-19
	JDK 8 Update 40	2015-03-03
	JDK 8 Update 45	2015-04-14
	JDK 8 Update 51 此版本增加对 Windows 平台的原生沙盒的支持(但默认为禁用)	2015-07-14
	JDK 8 Update 60	2015-08-18
	JDK 8 Update 65	2015-10-20
	JDK 8 Update 66	2015-11-16
	JDK 8 Update 71	2016-01-19
	JDK 8 Update 72	2016-01-19
	JDK 8 Update 73	2016-02-03
	JDK 8 Update 74	2016-02-03
	JDK 8 Update 77	2016-03-23
	JDK 8 Update 91	2016-04-19
	JDK 8 Update 92	2016-04-19
	JDK 8 Update 101	2016-07-19
	JDK 8 Update 102	2016-07-19
	JDK 8 Update 111	2016-10-18
	JDK 8 Update 112	2016-10-18
JDK 9	JDK 9 JDK 9 的首个发布候选版于 2017 年 8 月 9 日发布,首个稳定版于 2017 年 9 月 21 日发布	2017-09-21
	JDK 9.0.1 此版本包括安全更新与严重漏洞修复	2017-10-17
	JDK 9.0.4 此版本是 JDK 9 的最终版本,包括安全更新与严重漏洞修复	2018-01-16

续表

主版本	子版本及虚拟机版本	发布日期
JDK 10	JDK 10	2018-03-20
	JDK 10.0.1 此版本包括安全更新及 5 个漏洞修复	2018-04-17
	JDK 10.0.2	2018-07-17
JDK 11	JDK 11	2018-09-25
	JDK 11.0.1	2018-10-16
	JDK 11.0.2	2019-01-15
	JDK 11.0.3	2019-04-16
	JDK 11.0.4 此版本支持 Windows Server 2019	2019-07-16
JDK 12	JDK 12	2019-03-19
	JDK 12.0.1	2019-04-16
	JDK 12.0.2	2019-07-16
JDK 13	JDK 13	2019-09